by James Richard

INTEGRAL

WORKBOOK

January 2020

Copyright © 2020

All rights reserved. No part of this publication may be reproduced, distributed, or transmitted in any form or by any means, including photocopying, recording, or other electronic or mechanical methods, without the prior written permission of the publisher, except in the case of brief quotations embodied in critical reviews and certain other noncommercial uses permitted by copyright law. For permission requests, write to the publisher using address below.

delightfulbook@gmail.com

© 2020

Contents

INTEGRAL 1
Definition: 1
PROPERTIES FOR TAKING INDEFINITE INTEGRAL 1
BASIC THEOREMS IN INTEGRAL CALCULATIONS 4
METHODS FOR TAKING INTEGRALS 5
3. SEPARATING INTO RATIONAL NUMBERS METHOD 9
DEFINITE INTEGRAL 11
PROPERTIES OF DEFINITE INTEGRAL 11
APPLICATION OF DEFINITE INTEGRAL 14
TEST WITH SOLUTIONS 18
Questions 36
Test 1 52
Test 2 57
Test 3 65
Test 4 71
Test 5 77
Test 6 83
Test 7 88
Test 8 93
Test 9 98
Test 10 103

INTEGRAL

Definition:

Calculation of the integral $\int f(x)\,dx = F(x)$ is to find a function who derivative equals to $f(x)$

$$\int f(x)\,dx = F(x) + c \qquad (c \in R)$$

The definite (proper) integral is denoted by $\int_b^a f(x)\,dx$

$k \in R \Rightarrow$

☞ $\int k \cdot f(x)\,dx = k \int f(x)\,dx$

☞ $\int [f(x) \mp g(x)]\,dx = \int f(x)\,dx \mp \int g(x)\,dx$

PROPERTIES FOR TAKING INDEFINITE INTEGRAL

1. $\int a\,dx = a \int dx = a \cdot x + C$

2. $\int a \cdot x^n\,dx = a \int x^n\,dx = \dfrac{a}{n+1} x^{n-1} + C$

3. $\int \dfrac{1}{x}\,dx = \ln|x| + C$

4. $\int e^x \, dx = e^x + C$

5. $\int a^x \, dx = \dfrac{a^x}{\ln a} + C = a^x \log_a e + C$

6. $\int \sin x \, dx = -\cos x + C$

7. $\int \cos x \, dx = \sin x + C$

8. $\int \dfrac{1}{\sin^2 x} \, dx = \int \csc^2 x \, dx = -\cot x + C$

9. $\int \dfrac{1}{\cos^2 x} \, dx = \int \sec^2 x \, dx = \tan x + C$

10. $\int \dfrac{1}{1+x^2} \, dx = \arctan x + C$

11. $\int \dfrac{1}{\sqrt{1-x^2}} \, dx = \arcsin x + C$

12. $\int \dfrac{1}{\sqrt{1+x^2}} \, dx = \ln(x + \sqrt{1+x^2}) + C$

Example:

$$\int \left(x^2 - 3\sqrt{x} + \cos x + \frac{5}{x+1}\right) dx$$

$$= \int x^2\, dx - 3\int \sqrt{x}\, dx + \int \cos x\, dx + 5\int \frac{dx}{x+1}$$

$$= \frac{x^3}{3} - 3\int x^{1/2}\, dx + \sin x + 5\ln|x+1|$$

$$= \frac{x^3}{3} - 2x^{3/2} + \sin x + 5\ln|x+1| + C$$

Example:

$$\int \left(x^3 + \frac{1}{1+x^2} - \frac{1}{x+2} + \sin x\right) dx$$

$$= \int x^3\, dx + \int \frac{dx}{1+x^2} - \int \frac{dx}{x+2} + \int \sin x\, dx$$

$$= \frac{x^4}{4} + \arctan x - \ln(x+2) - \cos x + C$$

BASIC THEOREMS IN INTEGRAL CALCULATIONS

1. $\displaystyle\int_a^b f(x)\,dx = F(x)\Big|_a^b = F(b) - F(a)$

2. $F(x) = \displaystyle\int_a^x f(t)\,dt, \quad x \in [a,b] \quad F'(x) = f(x)$

3. $F(x) = \displaystyle\int_a^{u(x)} f(t)\,dt \Rightarrow F'(x) = u'(x)\cdot f(u(x))$

4. $F(x) = \displaystyle\int_{v(x)}^{u(x)} f(t)\,dt \Rightarrow F'(x) = u'(x)\cdot f(u(x)) - v'(x)f.(v(x))$

Example:

$F(x) = \displaystyle\int_2^{3x} \cos(t^2)\,dt \Rightarrow F'(x) = 3\cos(9x^2)$

$F(x) = \displaystyle\int_1^{x^2} \frac{1}{1+\sqrt{1-t}}\,dt \Rightarrow F'(x) = \frac{2x}{1+\sqrt{1-x^2}}$

$F(x) = \displaystyle\int_{\tan x}^{0} \frac{1}{3+t}\,dt \Rightarrow F'(x) = \frac{-\sec^2 x}{3+\tan x}$

METHODS FOR TAKING INTEGRALS
1. CHANGING THE VARITABLE

When $x = u(t)$ conversion is applied in $\int f(x)dx$,

$x = u(t) \Rightarrow dx = u'(t)$ is obtained

Calculate

$\int f(x)dx = \int f(u(t)) \cdot u'(t)dt$ and then reexpress the answer in terms of x

Example:

$\int (x^2 + 2)^4 \cdot x\, dx = ?$

Solution:

$u = x^2 + 2 \Rightarrow du = 2x\, dx \Rightarrow x\, dx = \dfrac{du}{2}$

$\int (x^2 + 2)^4 x\, dx = \int u^4 \dfrac{du}{2}$

$= \dfrac{1}{2} \int u^4\, du = \dfrac{1}{10} u^5 + C$

$= \dfrac{1}{10}(x^2 + 2)^5 + C$

Example:

$$\int \frac{x}{x^2 + 4} dx = ?$$

Solution:

$$u = x^2 + 4 \Rightarrow du = 2x\, dx \Rightarrow x\, dx = \frac{du}{2}$$

$$\int \frac{x}{x^2 + 4} dx = \frac{1}{2} \int \frac{du}{u} = \frac{1}{2} \ln(x^2 + 4) + C$$

Example:

$$\int \frac{dx}{9 + x^2} = ?$$

Solution:

$$I = \int \frac{1}{9 + x^2} dx = \frac{1}{9} \int \frac{1}{1 + \left(\frac{x}{3}\right)^2} dx$$

$$\frac{x}{3} = t \Rightarrow dx = 3 dt$$

$$I = \frac{1}{9} \int \frac{3}{1 + t^2} dt = \frac{1}{3} \int \frac{1}{1 + t^2} dt$$

$$I = \frac{1}{3} \arctan t + C = \frac{1}{3} \arctan\left(\frac{x}{3}\right) + C$$

2. PARTIAL INTEGRATION METHOD

$$d(uv) = udv + vdu$$

$$uv = \int udv + \int vdu$$

$$\int udv = uv - \int vdu$$

Example:

$$F(x) = \int \ln x \, dx \Rightarrow F(x) = ?$$

Solution:

$$u = \ln x \Rightarrow du = \frac{dx}{x}$$

$$dv = dx \Rightarrow v = x$$

$$\int udv = uv - \int vdu$$

$$= x \cdot \ln x - \int x \cdot \frac{dx}{x}$$

$$= x \cdot \ln x - x + C$$

$$= x \cdot (\ln x - 1) + C$$

Example:

$$F(x) = \int \arctan x \cdot dx \Rightarrow F(x) = ?$$

Solution:

$u = \arctan x \Rightarrow du = \dfrac{dx}{1+x^2}$

$d\vartheta = dx \Rightarrow \vartheta = x$

$F(x) = \displaystyle\int \arctan x \, dx = x \cdot \arctan x - \int \dfrac{x}{1+x^2} dx$

$1 + x^2 = t \Rightarrow dt = 2x \, dx \Rightarrow x \cdot dx = \dfrac{1}{2} dt$

$F(x) = x \cdot \arctan x - \dfrac{1}{2} \displaystyle\int \dfrac{dt}{t}$

$F(x) = x \cdot \arctan x - \dfrac{1}{2} \ln |t| + C$

$F(x) = x \cdot \arctan x - \dfrac{1}{2} \ln(1 + x^2) + C$

$F(x) = x \cdot \arctan x - \ln \sqrt{1 + x^2} + C$

3. SEPARATING INTO RATIONAL NUMBERS METHOD

Example:

$$\int \frac{5x-3}{x^2-2x-3}\,dx = \,?$$

Solution:

$$\frac{5x-3}{x^2-2x-3} = \frac{5x-3}{(x+1)(x-3)} = \frac{A}{x+1} + \frac{B}{x-3}$$

$$= \frac{(A+B)x + B - 3A}{(x+1)(x-3)}$$

$$(A+B)x + B - 3A = 5x - 3$$

$$\begin{cases} A + B = 5 \\ B - 3A = -3 \end{cases} \Rightarrow 4A = 8 \Rightarrow A = 2$$

$$A = 2 \Rightarrow B = 3$$

$$\int \frac{5x-3}{x^2-2x-3}\,dx = 2\int \frac{dx}{x+1} + 3\int \frac{dx}{x-3}$$

$$= 2\ln|x+1| + 3\ln|x-3| + C$$

Example:

$$\int \frac{x}{x^3 - x^2 + x - 1}\,dx = \,?$$

Solution:

$$\frac{x}{x^3 - x^2 + x - 1} = \frac{x}{(x^2 + 1)(x - 1)} = \frac{Ax + B}{x^2 + 1} + \frac{C}{x - 1}$$

$$= \frac{Ax^2 - Ax + Bx - B + Cx^2 + C}{(x^2 + 1)(x - 1)}$$

$$x = (A + C)x^2 + (B - A)x + C - B$$

$$= \begin{cases} A + C = 0 \\ B - A = 1 \\ C - B = 0 \end{cases} \Rightarrow \begin{cases} A + C = 0 \\ C - A = 1 \end{cases} \Rightarrow C = \frac{1}{2}$$

$$C = \frac{1}{2}, A = -\frac{1}{2}, B = \frac{1}{2}$$

$$\int \frac{x}{x^3 - x^2 + x - 1} dx = \frac{1}{2} \int \frac{-x + 1}{x^2 + 1} dx + \frac{1}{2} \int \frac{1}{x - 1} dx$$

$$= -\frac{1}{2} \int \frac{x}{x^2 + 1} dx + \frac{1}{2} \int \frac{1}{x^2 + 1} dx + \frac{1}{2} \ln |x - 1|$$

$$x^2 + 1 = t \Rightarrow \frac{dt}{2} = xdx$$

$$\int \frac{x \, dx}{x^3 - x^2 + x - 1} = -\frac{1}{4} \int \frac{dt}{t} + \frac{1}{2} \arctan x + \frac{1}{2} \ln |x - 1| + C$$

$$\int \frac{x}{x^3 - x^2 + x - 1} dx = l$$

$$l = -\frac{1}{4} \ln (x^2 + 1) + \frac{1}{2} \arctan x + \frac{1}{2} \ln |x - 1| + C$$

DEFINITE INTEGRAL

$$\int_a^b f(x)dx = F(x)\big|_a^b = F(b) - F(a)$$

PROPERTIES OF DEFINITE INTEGRAL

1. $\displaystyle\int_a^b k \cdot f(x)dx = k \int_a^b f(x)dx, \quad k \in R$

2. $\displaystyle\int_a^b [f(x) \mp g(x)] = \int_a^b f(x)\,dx \mp \int_a^b g(x)\,dx$

3. $\displaystyle\int_a^b f(x)\,dx = \int_a^c f(x)\,dx + \int_c^b f(x)\,dx, \quad c \in (a,b)$

Example:

$$\int_0^2 \left(\frac{2x^3 + 8x + 1}{x^2 + 4}\right) dx = ?$$

Solution:

$$\int_0^2 \left(\frac{2x^3 + 8x + 1}{x^2 + 4}\right) dx = \int_0^2 \left(2x + \frac{1}{x^2 + 4}\right) dx$$

$$= 2\int_0^2 x\,dx + \frac{1}{4}\int \frac{dx}{1+\left(\frac{x}{2}\right)^2}$$

$2t = x \Rightarrow 2dt = dx$

$$= x^2\Big|_0^2 + \frac{1}{2}\int_0^2 \frac{dt}{1+t^2}$$

$$= x^2\Big|_0^2 + \frac{1}{2}\arctan\left(\frac{x}{2}\right)\Big|_0^2$$

$$= 4 + \frac{1}{2}(\arctan 1 - \arctan 0)$$

$$= 4 + \frac{1}{2}\cdot\frac{\pi}{4} = \frac{32+\pi}{8}$$

Example:

$$\int_{-3}^{3} |x^2 - 4|\,dx = ?$$

Solution:

$$\int_{-3}^{0} |x^2 - 4|\,dx = \int_{-3}^{-2}(x^2-4)dx + \int_{-2}^{2}(4-x^2)\,dx + \int_{2}^{3}(x^2-4)dx$$

$$= \left(\frac{x^3}{3} - 4x\right)\Big|_{-3}^{-2} + \left(4x - \frac{x^3}{3}\right)\Big|_{-2}^{2} + \left(\frac{x^3}{3} - 4x\right)\Big|_{2}^{3}$$

$$= \left[\left(-\frac{8}{3}+8\right)-(-9+12)\right]+\left[\left(8-\frac{8}{3}\right)-\left(-8+\frac{8}{3}\right)\right]+$$
$$\left[(9-12)-\left(\frac{8}{3}-8\right)\right]$$
$$=\frac{16}{3}-3+\frac{16}{3}+\frac{16}{3}-3+\frac{16}{3}=\frac{64}{3}-6=\frac{46}{3}$$

Example:

$$\int_0^{\sqrt{3}} \frac{1}{1+x^2}\,dx = ?$$

Solution:

$$\int_0^{\sqrt{3}} \frac{dx}{1-x^2} = \arctan x \Big|_0^{\sqrt{3}}$$

$$= \arctan\sqrt{3} - \arctan 0 = \frac{\pi}{3}$$

Example:

$$\int_2^4 |x-3|\,dx = ?$$

Solution:

$$\int_2^4 |x-3|\,dx = \int_2^3 (3-x)\,dx + \int_3^4 (x-3)\,dx$$

$$= \left(3x - \frac{x^2}{2}\right)\Big|_2^3 + \left(\frac{x^2}{2} - 3x\right)\Big|_3^4$$

$$= \left[\left(9-\frac{9}{2}\right)-(6-2)\right]+\left[(8-12)-\left(\frac{9}{2}-9\right)\right]=1$$

APPLICATION OF DEFINITE INTEGRAL

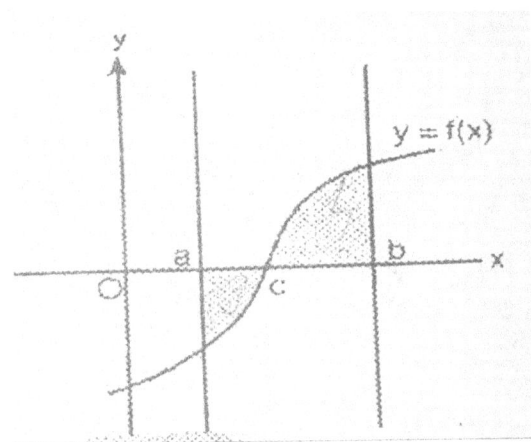

1. $A = \displaystyle\int_a^b f(x)dx$

[Chart]

☞ In $[c,b]$ interval $f(x) \geq 0 \Rightarrow A = \displaystyle\int_a^b f(x)dx$

☞ In $[a,c]$ interval $f(x) \leq 0 \Rightarrow A = -\displaystyle\int_a^c f(x)\,dx$

Example:

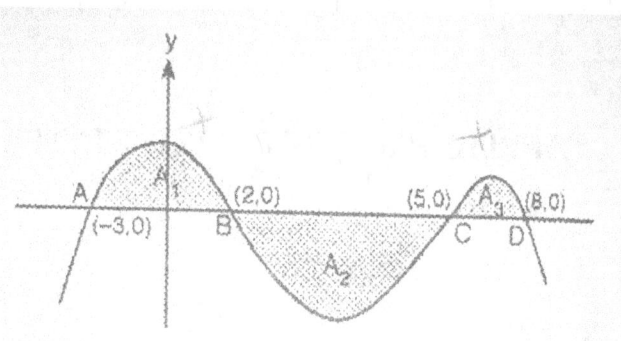

[Chart]

$A_1 = 12$ br²

$A_2 = 18$ br²

$A_3 = 9$ br²

$$\Rightarrow \int_{-3}^{8} f(x)dx = ?$$

Solution:

$$\int_{-3}^{8} f(x)dx = \int_{-3}^{2} f(x)dx + \int_{2}^{5} f(x)dx + \int_{5}^{8} f(x)dx$$

$$= 12 - 18 + 9 = 3 \; br^2$$

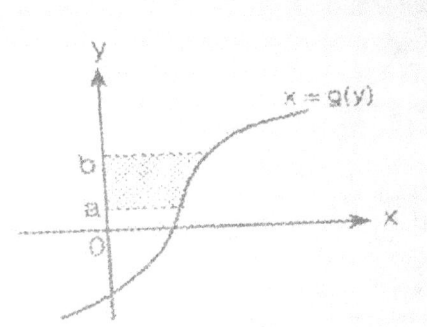

2. $A = \displaystyle\int_a^b |g(y)|\, dy$

[chart]

EXAMPLE:

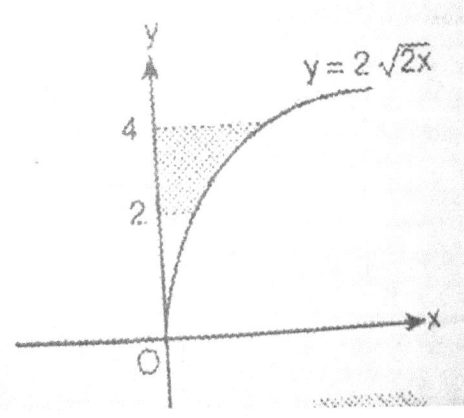

[chart]

Solution:

$y = 2\sqrt{2x} \Rightarrow y^2 = 8x$

$x = \dfrac{y^2}{8}$

$A = \displaystyle\int_2^4 |f(y)|\, dy$

$A = \displaystyle\int_2^4 \left|\dfrac{y^2}{8}\right| dy = \dfrac{y^3}{24}\Big|_2^4 = \dfrac{64}{24} - \dfrac{8}{24}$

$A = \dfrac{56}{24} = \dfrac{7}{3}\, br^2$

TEST WITH SOLUTIONS

1. $\int_{-1}^{2} x^3 dx = ?$

A) $\dfrac{7}{2}$ B) $\dfrac{15}{4}$ C) 4

D) $\dfrac{17}{4}$ E) $\dfrac{9}{2}$

Solution:

$$\int_{-1}^{2} x^3 \, dx = \dfrac{x^{3+1}}{3+1} \Big|_{-1}^{2}$$

$$= \dfrac{x^4}{4} \Big|_{-1}^{2}$$

$$= \dfrac{2^4}{4} - \dfrac{(-1)^4}{4}$$

$$= \dfrac{16}{4} - \dfrac{1}{4}$$

$$= \dfrac{15}{4}$$

Correct Answer - B

2. $\int \dfrac{x \, dx}{\sqrt[3]{x}} = ?$

A) $\dfrac{5}{3} \cdot x^{3/5} + c$ B) $15 \cdot x^{5/3} + c$ C) $\dfrac{3}{5} \cdot x^{5/3} + C$

D) $15 \cdot x^{5/3} + c$ \qquad E) $\dfrac{1}{3} \cdot x^{3/5} + c$

Solution:

$$\int \frac{xdx}{\sqrt[3]{x}} = \int \frac{xdx}{x^{1/3}}$$

$$= \int x^{1-\frac{1}{3}} dx$$

$$= \int x^{2/3} dx$$

$$= \frac{x^{\frac{2}{3}+1}}{\frac{2}{3}+1}$$

$$= \frac{3}{5} \cdot x^{5/3} + c$$

Correct Answer - C

3. $\int (x^2 + 1)^3 \, 2x dx = ?$

A) $3 \cdot (x^2 + 1)^3 + c$ \qquad B) $4 \cdot (x^2 + 1)^4 + c$

C) $\dfrac{(x^2 + 1)^3}{4} + c$ \qquad D) $\dfrac{(x^2 + 1)^4}{4} + c$

E) $\dfrac{(x^2 + 1)^4}{3} + c$

Solution:

$$\int (x^2 + 1)^3 \, 2x\,dx = \int u^3 \cdot du$$

$$\begin{cases} x^2 + 1 = u \\ 2x\,dx = du \end{cases} \Rightarrow \frac{u^4}{4} + c$$

$$= \frac{(x^2 + 1)^4}{4} + c$$

Correct Answer - D

4. $\int \dfrac{dx}{x - 3} = \ ?$

A) $\dfrac{1}{3} \cdot \ln|x - 3| + c$ 　　　 B) $\dfrac{1}{3} \cdot \ln|x + 3| + c$

C) $3 \cdot \ln|x + 3| + c$ 　　　 D) $\ln|x + 3| + c$

D) $\ln|x - 3| + c$

Solution:

$$\int \frac{dx}{x - 3} = \int \frac{du}{u}$$

$= \ln|u| + c$ 　　　 $x - 3 = u$

$= \ln|x - 3| + c$ 　　　 $dx = du$

Correct Answer - E

5. $\int \dfrac{x+2}{x+1} dx = ?$

A) $x + \ln|x+1| + c$

B) $x - \ln|x+1| + c$

C) $2x + \ln|x+1|$

D) $x + 2 \cdot \ln|x+1| + c$

E) $x - 2 \cdot \ln|x+1| + c$

Solution:

$\int \dfrac{x+2}{x+1} dx = \int \left(1 + \dfrac{1}{x+1}\right) dx$

$= x + \ln|x+1| + c$

Correct Answer - A

6. $\int \sin 3x \, dx = ?$

A) $-\dfrac{1}{3} \cos 3x + c$

B) $\dfrac{1}{3} \cos 3x + c$

C) $-3 \cdot \cos 3x + c$

D) $3 \cos 3x + c$

E) $-\sin^3 3x + c$

Solution:

$\int \sin 3x \, dx = \int \sin u \dfrac{du}{3}$

$$\begin{cases} 3x = u \\ 3dx = du \\ dx = \dfrac{du}{3} \end{cases} \Rightarrow = \dfrac{1}{3}\int \sin u\, du$$

$$= -\dfrac{1}{3} \cdot (-\cos u) + c$$

$$= -\dfrac{1}{3}\cos(3x) + c$$

Correct Answer - A

7. $\int \tan x\, dx = \ ?$

A) $\ln|\cos x| + c$ B) $-\ln|\cos x| + c$

C) $-\ln|\sin x| + c$ D) $\ln|\sin x| + c$

E) $\ln|\tan x| + c$

Solution:

$$\int \tan x\, dx = \int \dfrac{\sin x}{\cos x}\, dx$$

$$\begin{cases} \cos x = u \\ -\sin x\, dx = du \end{cases}$$

$$= \int -\dfrac{du}{u}$$

$$= -\int \dfrac{du}{u}$$

$$= -\ln|u| + c$$

$$= -\ln|\cos x| + c$$

Correct Answer - B

8. $\int_0^4 \sqrt{2x + 1}\, dx$

A) $\dfrac{25}{3}$ B) $\dfrac{26}{3}$ c) 9

D) $\dfrac{28}{3}$ E) $\dfrac{29}{4}$

Solution:

$$\int_0^4 \sqrt{2x+1}\, dx = \int \sqrt{u}\, \dfrac{du}{2}$$

$$= \dfrac{1}{2}\int u^{1/2}\, du$$

$\begin{cases} 2x+1 = u \\ 2dx = du \\ dx = \dfrac{du}{2} \end{cases} \Rightarrow = \dfrac{1}{2} \cdot \dfrac{u^{2/3}}{\dfrac{3}{2}}$

$$= \dfrac{1}{3} \cdot u^{3/2}$$

$$= \dfrac{1}{3}\sqrt{(2x+1)^3}\, \Big|_0^4$$

$$= \dfrac{1}{3}\left(\sqrt{(2.4+1D)^3} - \sqrt{(2.0+1)^3}\right)$$

$$= \dfrac{1}{3}\left(\sqrt{9^3} - \sqrt{1^3}\right)$$

$$= \dfrac{1}{3}(27 - 1)$$

$$= \dfrac{26}{3}$$

Correct Answer - B

9. $\int_0^2 |x^2 - 1| \, dx = ?$

A) – 4   B) – 2   C) 2   D) 4   E) 6

Solution:

$$\int_0^2 |x^2 - 1| \, dx = \int_0^1 (-x^2 + 1) \, dx + \int_1^2 (x^2 - 1) \, dx$$

$$= \left(-\frac{x^3}{3} + x\right)\Big|_0^1 + \left(\frac{x^3}{3} - x\right)\Big|_1^2$$

$$= \left(-\frac{1}{3} + 1\right) + \left[\left(\frac{8}{2} - 2\right) - \left(\frac{1}{3} - 1\right)\right]$$

$$= \frac{2}{3} + \left[\frac{2}{3} + \frac{2}{3}\right]$$

$$= \frac{2}{3} + \frac{4}{3}$$

$$= 2$$

Correct Answer - C

10. $\int \dfrac{x}{x^2 + 1} dx = ?$

A) 0   B) $\ln \sqrt{\dfrac{1}{2}}$ C) $\ln \sqrt{2}$

D) $\ln \sqrt{3}$ E) $\ln 2$

Solution:

$$\int_0^1 \dfrac{x}{x^2+1} dx = \int \dfrac{\dfrac{du}{2}}{u}$$

$$= \dfrac{1}{2} \cdot \int \dfrac{du}{u}$$

$\begin{cases} x^2 + 1 = u \\ 2x\,dx = du \\ x\,dx = \dfrac{du}{2} \end{cases} \Rightarrow = \dfrac{1}{2} \cdot \ln|u| \Big|_0^1$

$$= \dfrac{1}{2} \cdot [\ln 2 - \ln 1]$$

$$= \dfrac{1}{2} \cdot \ln 2$$

$$= \ln \sqrt{2}$$

Correct Answer - C

11. $\int_0^{\pi/2} \dfrac{\cos x}{(1+\sin x)^3}\, dx = ?$

A) 1 B) $\dfrac{1}{2}$ C) $\dfrac{1}{3}$ D) $\dfrac{1}{4}$ E) $\dfrac{1}{5}$

Solution:

$$\int_0^{\pi/2} \dfrac{\cos x}{(1+\sin x)^3}\, dx = \int_0^{\pi/2} \dfrac{du}{u^3}$$

$$= \int_0^{\pi/2} u^{-3}\, du \qquad \begin{array}{l} 1+\sin x = u \\ \cos x\, dx = du \end{array}$$

$$= \dfrac{u^{-2}}{-2}\Big|_0^{\pi/2}$$

$$= -\dfrac{1}{2u^2}\Big|_0^{\pi/2}$$

$$= -\dfrac{1}{2\cdot(1+\sin x)^2}\Big|_0^{\pi/2}$$

$$= -\dfrac{1}{2}\left(\dfrac{1}{1+\sin\dfrac{\pi}{2}} - \dfrac{1}{1+\sin 0}\right)$$

$$= -\dfrac{1}{2}\left(\dfrac{1}{2}-1\right) = -\dfrac{1}{2}\cdot\left(-\dfrac{1}{2}\right) = \dfrac{1}{4}$$

Correct Answer - D

12. $\int_0^2 \dfrac{dx}{4+x^2} = ?$

A) $\dfrac{\pi}{4}$ B) $\dfrac{3\pi}{4}$ C) $\dfrac{\pi}{8}$ D) 2 E) $\dfrac{1}{8}$

Solution:

$$\int_0^2 \dfrac{dx}{4+x^2} = \dfrac{1}{4}\int_0^2 \dfrac{dx}{1+\left(\dfrac{x}{2}\right)^2}$$

$$= \dfrac{1}{4}\int_0^2 \dfrac{2du}{1+u} = \dfrac{1}{2}\arctan u \Big|_0^2$$

$$= \dfrac{1}{2}\arctan \dfrac{x}{2}\Big|_0^2$$

$$= \dfrac{1}{2}\arctan 1 - \dfrac{1}{2}\arctan 0$$

$$= \dfrac{1}{2}\cdot\dfrac{\pi}{4} - \dfrac{1}{2}\cdot 0$$

$$= \dfrac{\pi}{8}$$

Correct Answer - C

13. Shaded Area

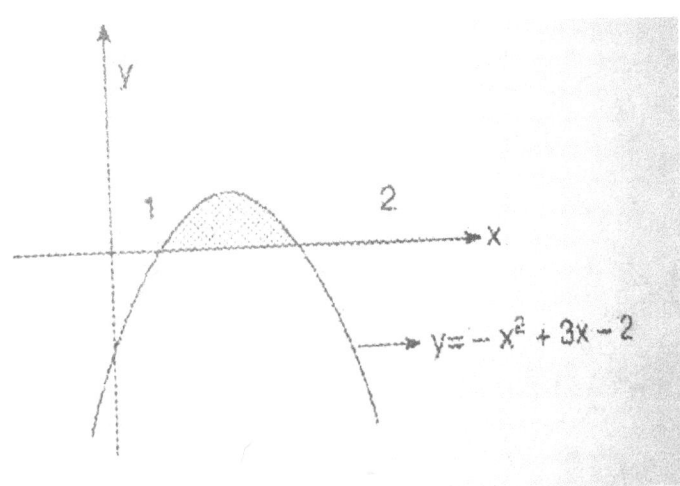

A) $\frac{1}{2}$ B) $\frac{1}{3}$ C) $\frac{1}{4}$ D) $\frac{1}{6}$ E) $\frac{1}{5}$

Solution:

$$S = \int_1^2 (-x^2 + 3x - 2)\, dx$$

$$= \left(-\frac{x^3}{3} + 3 \cdot \frac{x^2}{2} - 2x\right)\bigg|_1^2$$

$$= \left(-\frac{2^3}{3} + 3 \cdot \frac{2^2}{2} - 2 \cdot 2\right) - \left(-\frac{1^3}{3} + 3 \cdot \frac{1}{2} - 2 \cdot 1\right)$$

$$= \left(-\frac{8}{3} + 6 - 4\right) - \left(-\frac{1}{3} + \frac{3}{2} - 2\right)$$

$$= -\frac{8}{3} + 2 + \frac{1}{3} + \frac{1}{2}$$

$$= -\frac{7}{3} + \frac{5}{2}$$

$$= \frac{1}{6}$$

Correct Answer - D

14. $\int_{1/2}^{\sqrt{3}/2} \dfrac{dx}{\sqrt{1-x^2}} = ?$

A) $\dfrac{\pi}{6}$ B) $\dfrac{\pi}{3}$ C) $\dfrac{2\pi}{3}$ D) π E) $5\pi/6$

Solution:

$$\int_{\frac{1}{2}}^{\sqrt{3}/2} \frac{dx}{\sqrt{1-x^2}} = \left.\right|_{1/2}^{\sqrt{3}/2}$$

$$= \arcsin\frac{\sqrt{3}}{2} - \arcsin\frac{1}{2}$$

$$= \frac{\pi}{3} - \frac{\pi}{6} = \frac{\pi}{6}$$

Correct Answer – A

15. Shaded Area

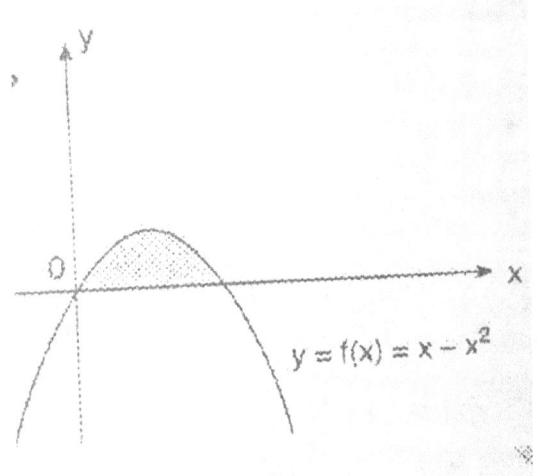

A) 4   B) 2   C) $\frac{1}{2}$ D) $\frac{1}{4}$ E) $\frac{1}{6}$

Solution:

$x^2 = x$

$x^2 - x = 0$

$x \cdot (x - 1) = 0$

$x = 0 \ (or) \ x = 1$

$$S = \int_0^1 (x - x^2)\, dx$$

$$= \left(\frac{x^2}{2} - \frac{x^3}{3}\right)\Big|_0^1$$

$$= \frac{1}{2} - \frac{1}{3}$$

$$= \frac{1}{6}$$

Correct Answer - E

16. $\int_{-1}^{1} (x^2 + 2x - 1)\, dx = ?$

A) 2 B) 1 C) $\frac{4}{3}$ D) $-\frac{1}{3}$ E) $-\frac{4}{3}$

Solution:

$$\int_{-1}^{1} (x^2 + 2x - 1)\, dx = \left(\frac{x^3}{3} + \frac{2x^2}{2} - x\right)\Big|_{-1}^{1}$$

$$= \left(\frac{1}{3} + 1 - 1\right) - \left(-\frac{1}{3} + 1 + 1\right)$$

$$= \frac{1}{3} + \frac{1}{3} - 2$$

$$= \frac{2}{3} - 2$$

$$= -\frac{4}{3}$$

Correct Answer - E

17. $\int x \cdot \sin x \, dx = ?$

A) $-x \cdot \cos x + \sin x + c$

B) $-x \cdot \sin x + \cos x + c$

C) $-x \cdot \cos x + \cos x + c$

D) $x \cdot \cos x + \sin x + c$

E) $x \cdot \cos x + \sin x + c$

Solution:

$x = u, \quad \sin x \, dx = dv$

$dx = du, \quad -\cos x = v$

$\int x \cdot \sin x \, dx = x \cdot (-\cos x) - \int (-\cos x) \, dx$

$$= -x \cdot \cos x + \int \cos x \, dx$$

$$= -x \cdot \cos x + \sin x + c$$

Correct Answer - A

18. $\int_0^\pi \dfrac{dx}{x^2 - 4} = ?$

A) $2 \cdot \ln \left| \dfrac{x+2}{x-2} \right| + c$

B) $\dfrac{1}{4} \cdot \ln \left| \dfrac{x-2}{x+2} \right| + c$

C) $\dfrac{1}{4} \cdot \ln \left| \dfrac{x+2}{x-2} \right| + c$

D) $\dfrac{1}{2} \cdot \ln \left| \dfrac{x+2}{x-2} \right| + c$

E) $\frac{1}{2} \cdot \ln\left|\frac{x-2}{x+2}\right| + c$

Solution:

$$\frac{1}{x^2 - 4} = \frac{A}{x-2} + \frac{B}{x+2}$$

$$\begin{cases} A + B = 0 \\ 2A - 2B = 1 \end{cases} \Rightarrow A = \frac{1}{4}, \quad B = -\frac{1}{4}$$

$$\int \frac{dx}{x^2 - 4} = \int \left(\frac{\frac{1}{4}}{x-2} - \frac{\frac{1}{4}}{x+2}\right) dx$$

$$= \frac{1}{4} \cdot \int \left(\frac{1}{x-2} - \frac{1}{x+2}\right) dx$$

$$= \frac{1}{4} \cdot (\ln|x-2| - \ln|x+2|)$$

$$= \frac{1}{4} \cdot \ln\left|\frac{x-2}{x+2}\right| + c$$

Correct Answer - B

19. $f'(x) = x^2 + 3x, f(1) = 5 \Rightarrow f(2) = ?$

A) $\frac{23}{2}$ B) $\frac{35}{3}$ C) $\frac{71}{6}$ D) 12 E) $\frac{73}{6}$

Solution:

$f'(x) = x^2 + 3x$

$$\int f'(x) dx = \int (x^2 + 3x) dx$$

$$f(x) = \frac{x^3}{3} + \frac{3x^2}{2} + c$$

$$f(1) = \frac{1}{3} + \frac{3}{2} + c = 5$$

$$c = 5 - \frac{11}{6}$$

$$c = \frac{19}{6}$$

$$f(2) = \frac{2^3}{3} + \frac{3.2^2}{2} + \frac{19}{6}$$

$$= \frac{71}{6}$$

Correct Answer - C

20. $\int_{a}^{b} (4x - 1) dx = 12$, $a - b = -4 \Rightarrow a \cdot b = ?$

A) 4   B) 3   C) 0   D) -3   E) -4

Solution:

$$\int_{a}^{b} (4x - 1) \, dx = 12$$

$$\left(\frac{4x^2}{2} - x\right)\Big|_{a}^{b} = 12$$

$$(2b^2 - b) - (2a^2 - a) = 12$$

$$2b^2 - b - 2a^2 + a = 12$$

$$2 \cdot (b^2 - a^2) + a - b = 12$$

$$2 \cdot (b - a) \cdot (b + a) + a - b = 12$$

$$2 \cdot 4 \cdot (b + a) - 4 = 12$$

$$8 \cdot (b + a) = 16$$

$$b + a = 2$$

$$+ \quad a - b = -4$$

$$2a = -2$$

$$a = -1, \; b = 3$$

$$a \cdot b = -1 \cdot 3$$

$$= -3$$

Correct Answer - D

21. $\int_{0}^{\pi/4} (\cos^2 x - \sin^2 x)\, dx = \;?$

A) $-\dfrac{1}{4}$ B) $-\dfrac{1}{2}$ C) $\dfrac{1}{8}$ D) $\dfrac{1}{4}$ E) $\dfrac{1}{2}$

Solution:

$$\int_{0}^{\pi/4} (\cos^2 x - \sin^2 x)\, dx = \int_{0}^{\pi/4} \cos 2x \, dx$$

$$= \frac{\sin 2x}{2} \Big|_0^{\pi/4}$$

$$= \frac{1}{2}\left(\sin\frac{\pi}{2} - \sin 0\right)$$

$$= \frac{1}{2}(1 - 0)$$

$$= \frac{1}{2}$$

Correct Answer - E

22. $\dfrac{d}{dx}\left(\displaystyle\int_1^{-8} (x^3 - 5x^2)\, dx\right) = ?$

A) – 2   B) – 1   C) 0   D) 1   E) 2

Solution:

$\displaystyle\int_1^{-8} (x^3 - 5x^2)\, dx = a,\ a \in R$

$\Rightarrow \dfrac{d}{dx} a = 0$

Correct Answer - C

Questions

1. $\dfrac{df(x)}{dx} = f'(x) = 3x^2 - 6x + 3 , f(1) = 2 \Rightarrow f(-1) = ?$

A) 0   B) –1   C) –2   D) –3   E) –6

Solution:

$f'(x) = 3x^2 - 6x + 3$

$f(x) = 3 \cdot \dfrac{x^3}{3} - 6 \cdot \dfrac{x^2}{2} + 3x + c$

$f(x) = x^3 - 3x^2 + 3x + c$

$f(1) = 1^3 - 3 \cdot 1^2 + 3 \cdot 1 + c$

$ = 1 + c$

$1 + c = 2 \Rightarrow c = 1$

$f(x) = x^3 - 3x^2 + 3x + 1$

$f(-1) = (-1)^3 - 3 \cdot (-1)^2 + 3 \cdot (-1) + 1$

$f(-1) = -1 - 3 - 3 + 1$

$f(-1) = -6$

Correct Answer - E

2. $\displaystyle\int_0^1 x^2 \cdot e^{x^3} \, dx = \ ?$

A) 1   B) e   C) e – 1

D) $3(e-1)$ E) $\dfrac{1}{3}(e-1)$

Solution:

$x^3 = u$

$3x^2\, dx = du$

$x^2\, dx = \dfrac{du}{3}$

$\displaystyle\int_0^1 x^2 \cdot e^{x^3}\, dx = \int e^u \dfrac{du}{3}$

$\phantom{\displaystyle\int_0^1 x^2 \cdot e^{x^3}\, dx} = \dfrac{1}{3}\int e^u\, du$

$\phantom{\displaystyle\int_0^1 x^2 \cdot e^{x^3}\, dx} = \dfrac{1}{3} e^u$

$\phantom{\displaystyle\int_0^1 x^2 \cdot e^{x^3}\, dx} = \dfrac{1}{3} e^{x^3} \Big|_0^1$

$\phantom{\displaystyle\int_0^1 x^2 \cdot e^{x^3}\, dx} = \dfrac{1}{3} \cdot (e^1 - e^0)$

$\phantom{\displaystyle\int_0^1 x^2 \cdot e^{x^3}\, dx} = \dfrac{1}{3}(e-1)$

Correct Answer - E

3. $\int_{-b}^{b} (ax + b)\, dx = 4 \Rightarrow b = ?$

A) $\sqrt{2}$ B) $\sqrt{3}$ C) 2 D) 3 E) 4

Solution:

$$\int_{-b}^{b} (ax + b)\, dx = a \int x\, dx + \int b\, dx$$

$$= \left(a \cdot \frac{x^2}{2} + bx \right) \Big|_{-b}^{b}$$

$$= a \cdot \frac{b^2}{2} + b^2 - \left(\frac{ab^2}{2} - b^2 \right)$$

$$= \frac{ab^2}{2} + b^2 - \frac{ab^2}{2} + b^2$$

$$= 2b^2$$

$2b^2 = 4$

$b^2 = 2$

$b = \sqrt{2}$

Correct Answer - A

4. $\int_{1}^{a} x \cdot e^x\, dx = 3 \cdot (\ln 3 - 1) \Rightarrow a = ?$

A) $\ln 3 + 1$ B) $\ln 3$ C) $\ln 3 - 2$

D) $\ln 3 - 1$ E) $\dfrac{\ln 3}{2}$

Solution:

$$\int u \cdot dv = u \cdot v - \int v\, du$$

$x = u$ $e^x = dv$

$dx = du$ $e^x = v$

$$\int_1^a x \cdot e^x\, dx = x \cdot e^x - \int e^x\, dx$$

$$= (x \cdot e^x - e^x)\Big|_1^a$$

$$= ae^a - e^a - (e - e)$$

$$= ae^a - e^a$$

$ae^a - e^a = 3 \cdot (\ln 3 - 1)$

$e^a \cdot (a - 1) = 3 \cdot (\ln 3 - 1)$

$e^a = 3$

$a = \ln 3$

Correct Answer - B

5. $8 \int_0^{\pi/12} (\sin x \cdot \cos x \cdot \cos 2x) \, dx = ?$

A) $\dfrac{1}{4}$ B) $\dfrac{1}{2}$ C) 0   D) 1   E) -1

Solution:

$$\sin x \cdot \cos x = \dfrac{\sin 2x}{2}$$

$$\dfrac{\sin 2x}{2} \cdot \cos 2x = \dfrac{1}{2} \cdot \sin 2x \cdot \cos 2x$$

$$= \dfrac{1}{2} \cdot \dfrac{\sin 4x}{2}$$

$$= \dfrac{1}{4} \cdot \sin 4x$$

$$8 \int (\sin x \cdot \cos x \cdot \cos 2x) \, dx = 8 \int \dfrac{1}{4} \cdot \sin 4x \, dx$$

$$= 2 \int \sin 4x \, dx$$

$$= 2 \left(-\dfrac{\cos 4x}{4} \right)$$

$$= -\dfrac{\cos 4x}{2} \bigg|_0^{\pi/12}$$

$$= -\frac{1}{2}\left(\cos 4 \cdot \frac{\pi}{12} - \cos 4 \cdot 0\right)$$

$$= -\frac{1}{2}\left(\cos \frac{\pi}{3} - \cos 0\right)$$

$$= -\frac{1}{2}\left(\frac{1}{2} - 1\right)$$

$$= \frac{1}{4}$$

Correct Answer - A

6. $\int_0^x (xt - t)\, dt = 2, \quad x \in R \Rightarrow x = ?$

A) 3 B) 2 C) 1 D) $\frac{5}{2}$ E) $\frac{3}{2}$

Solution:

$$\int_0^x (xt - t)\, dt = x \int_0^x t\, dt$$

$$= \left(x \cdot \frac{t^2}{2} - \frac{t^2}{2}\right)\Big|_0^x$$

$$= x \cdot \frac{x^2}{2} - \frac{x^2}{2}$$

$$\frac{x^3}{2} - \frac{x^2}{2} = 2$$

$x^3 - x^2 = 4$

$x = 2$

Correct Answer - B

7. $f(x) = x^2 \Rightarrow$

$S(AOB) = ?cm^2$

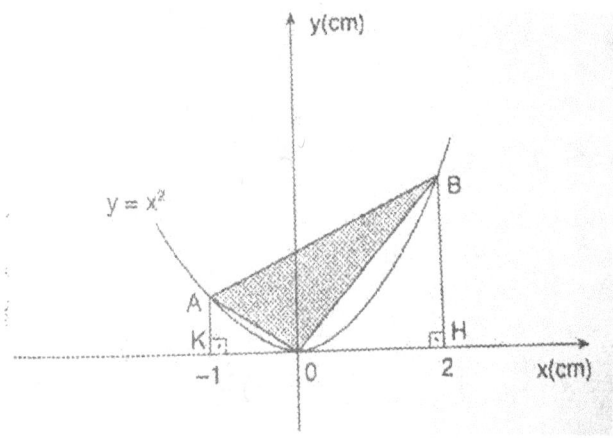

A) 1   B) 2   C) 3   D) 4   E) 5

Solution:

$x = 2 \Rightarrow f(2) = 2^2$

$f(2) = 4, B(2,4)$

$|HB| = 4$

$x = -1 \Rightarrow f(-1) = (-1)^2$

$$f(-1) = 1, \; A(-1,1)$$

$|AK| = 1$

$$S(AKHB) = \frac{(4+1) \cdot 3}{2} \Rightarrow S(AKHB) = \frac{15}{2}$$

$$S(AKO) = \frac{1}{2} \cdot S(OHB) = 4$$

$$S(AOB) = \frac{15}{2} - \left(\frac{1}{2} + 4\right) = 3$$

Correct Answer - C

8. $\displaystyle\int_0^1 \frac{5x^2 \, dx}{\sqrt{1-x^6}} = \;?$

A) $\dfrac{3\pi}{2}$ B) $\dfrac{2\pi}{2}$ C) $\dfrac{4\pi}{3}$

D) $\dfrac{3\pi}{4}$ E) $\dfrac{5\pi}{6}$

Solution:

$$\int_0^1 \frac{5x^2 \, dx}{\sqrt{1-x^6}} = \int \frac{5x^2 \, dx}{\sqrt{1-(x^3)^2}}$$

$$= \int_0^1 \frac{5 \cdot \dfrac{du}{3}}{\sqrt{1-u^2}}$$

$$\begin{cases} x^3 = u \\ 3x^2\, dx = du \\ x^2\, dx = \dfrac{du}{3} \end{cases} \Rightarrow = \dfrac{5}{3} \int_0^1 \dfrac{du}{\sqrt{1-u^2}}$$

$$= \dfrac{5}{3} \arcsin u$$

$$= \dfrac{3}{5} \arcsin x^3 \Big|_0^1$$

$$= \dfrac{5}{3}(\arcsin 1 - \arcsin 0)$$

$$= \dfrac{5}{3}(\dfrac{\pi}{2} - 0)$$

$$= \dfrac{5\pi}{6}$$

Correct Answer - E

9. $\displaystyle\int \dfrac{x^2 \cdot \ln(x^3 + 1)}{x^3 + 1} dx = ?$

A) $\dfrac{[\ln(x^3 + 1)]^{-2}}{6} + c$

B) $\ln(x^3 + 1)^2 + c$

C) $\dfrac{1}{3} \ln(x^3 + 1) + c$

D) $\dfrac{1}{12} \ln(x^3 + 1) + c$

E) $\dfrac{1}{18} \ln(x^3 + 1) + c$

Solution:

$$\int \frac{x^2 \cdot \ln(x^3+1)}{x^3+1} dx = \int \frac{\ln u}{u} \cdot \frac{du}{3}$$

$$= \frac{1}{3} \int \frac{\ln u}{u} du$$

$$\begin{cases} x^3 + 1 = u \\ 3x^2 \, dx = du \\ x^2 \, dx = \dfrac{du}{3} \\ \ln u = t \\ \dfrac{1}{u} du = dt \end{cases} \Rightarrow$$

$$= \frac{1}{3} \int t \, dt$$

$$= \frac{1}{3} \cdot \frac{t^2}{2}$$

$$= \frac{1}{6} t^2$$

$$= \frac{1}{6} \cdot (\ln u)^2$$

$$= \frac{1}{6} \cdot (\ln(x^3+1))^2 + c$$

Correct Answer - A

10. $\int\limits_{1}^{4} \left(2x - \dfrac{1}{\sqrt{x}}\right) dx = \ ?$

A) $\dfrac{13}{2}$ B) $\dfrac{7}{2}$ C) 9

D) 11   E) 13

Solution:

$$\int_1^4 \left(2x - \frac{1}{\sqrt{x}}\right) dx = 2\int_1^4 x\,dx - \int_1^4 x^{-1/2}\,dx$$

$$= 2 \cdot \frac{x^2}{2} - \frac{x^{1/2}}{\frac{1}{2}}$$

$$= \left(x^2 - 2\sqrt{x}\right)\Big|_1^4$$

$$= 4^2 - 2.\sqrt{4} - (1 - 2\sqrt{1})$$

$$= 16 - 4 + 1$$

$$= 13$$

Correct Answer - E

11. $\int \dfrac{e^x}{3 + 5e^x}\, dx = \,?$

A) $\ln(5 - e^x) + c$ \qquad B) $\ln(3 - e^x) + c$

C) $\ln(3 + e^x) + c$ \qquad D) $\dfrac{1}{10}\ln(3 + e^x) + c$

E) $\dfrac{1}{5}\ln(3 + 5e^x) + c$

Solution:

$\begin{cases} u = 3 + 5e^x \\ du = 5e^x dx \\ \dfrac{du}{5} = e^x dx \end{cases} \Rightarrow \displaystyle\int \dfrac{e^x}{3 + 5e^x} dx = \dfrac{1}{5}\int \dfrac{du}{u}$

$$= \dfrac{1}{5}\ln u + c = \dfrac{1}{5}\ln(3 + 5e^x) + c$$

Correct Answer - E

12. $\displaystyle\int \cos(3x - 2)dx = \ ?$

A) $\dfrac{1}{3}\sin(3x - 2) + c$ 　　　　　B) $\ln(3 - e^x) + c$

C) $\ln(3 + e^x) + c$ 　　　　　D) $\dfrac{1}{0}\ln(3 + e^x) + c$

E) $\dfrac{1}{5}\ln(3 + 5e^x) + c$

Solution:

$\begin{cases} u = 3x - 2 \\ du = 3dx \\ \dfrac{du}{3} = dx \end{cases} \Rightarrow \displaystyle\int \cos u \dfrac{du}{3} = \dfrac{1}{3}\sin u + c$

$$= \dfrac{1}{3}\sin(3x - 2) + c$$

Correct Answer - D

13. $\displaystyle\int_1^3 (|x - 2| + 2) dx = \ ?$

A)$\frac{7}{2}$ B)$\frac{9}{2}$ C) 4   D) 5   E) 7

Solution:

$$\int_1^3 (|x-2|+2)dx = \int_1^2 (-x+2+2)\,dx + \int_2^3 (x-2+2)\,dx$$

$$= \int_1^2 (-x+4)\,dx + \int_2^3 x\,dx = \left(-\frac{x^2}{2}+4x\right)\Big|_1^2 + \frac{x^2}{2}\Big|_2^3$$

$$= \frac{9}{2} + \frac{5}{2} = 7$$

Correct Answer - E

14. $\int \dfrac{x\,dx}{x^2-1} = ?$

A) $\dfrac{1}{2}\ln\left|\dfrac{x-1}{x+1}\right| + c$ B) $\dfrac{1}{2}\ln\left|\dfrac{x+1}{x-1}\right| + c$

C) $\dfrac{1}{2}\ln|x^2-1| + c$ D) $\dfrac{1}{2}\ln|x^2+1| + c$

E) $\dfrac{3}{2}\ln|x^2-1| + c$

Solution:

$$\int \frac{x\,dx}{x^2-1} = \frac{1}{2}\int \frac{du}{u} = \frac{1}{2}\ln|u| + c$$

$$= \frac{1}{2}\ln|x^2-1| + c$$

Correct Answer - C

15. $\displaystyle\int_{0}^{-\pi/2} \cos x \cdot \sin x\, e^{\sin^2 x}\, dx = ?$

A) $e - 2$ B) $e + 2$ C) $\frac{1}{4}(e-1)$

D) $\frac{1}{2}(e+1)$ E) $\frac{1}{2}(e-1)$

Solution:

$\sin^2 x = u \Rightarrow 2\sin x \cos x\, dx = du$

$\sin x \cos x\, dx = \dfrac{du}{2}$

$\displaystyle\int_{0}^{-\pi/2} \cos x \cdot \sin x\, e^{\sin^2 x}\, dx = \frac{1}{2}\int_{0}^{-\pi/2} e^u\, du = \frac{1}{2}\int_{0}^{-\pi/2} e^u$

$= \dfrac{1}{2}\displaystyle\int_{0}^{-\pi/2} e^u \sin^2 x$

$= \dfrac{1}{2}e^{\sin\left(-\frac{\pi}{2}\right)^2} - \dfrac{1}{2}e^{\sin^2 0}$

$$= \frac{1}{2}e - \frac{1}{2}$$

$$= \frac{1}{2}(e-1)$$

Correct Answer - E

16. $S = 288 \Rightarrow m = ?$

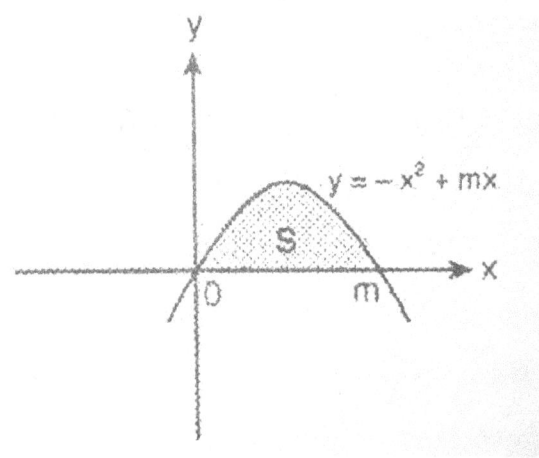

[Chart]

A) 10   B) 12   C) 13   D) 14   E) 15

Solution:

$$\int_0^m (-x^2 + mx)\,dx = \left| -\frac{x^3}{3} + \frac{mx^2}{2} \right|_0^m$$

$$= \left(-\frac{m^3}{3} + \frac{m^3}{2} \right) - (0+0) = 288$$

$$= \frac{m^3}{6} = 288 \Rightarrow m = 12$$

Correct Answer - B

17. $\int_{-2}^{2} |x^2 - 4| \, dx = ?$

A) $\frac{16}{3}$ B) $\frac{29}{3}$ C) $\frac{32}{3}$

D) 8   E) 16

Solution:

$$\int_{-2}^{2} |x^2 - 4| \, dx = \int_{-2}^{2} (x^2 - 4) dx = \left(4x - \frac{x^3}{3}\right)\bigg|_{-2}^{2}$$

$$= \left[\left(8 - \frac{8}{3}\right) - \left(-8 + \frac{8}{3}\right)\right] = \frac{32}{3}$$

Correct Answer - C

18. $\int \frac{x}{\sqrt{16 - x^2}} \, dx = ?$

A) $\sqrt{4 + x^2} + C$ B) $\sqrt{16 + x^2} + C$ C) $-\sqrt{4 - x^2} + C$

D) $-\sqrt{16 - x^2} + C$ E) $-2\sqrt{16 - x^2} + C$

Solution:

$16 - x^2 = u$

$-2x\, dx = du$

$$x\, dx = -\frac{du}{2}$$

$$\int x \frac{x}{\sqrt{16-x^2}}\, dx = \int \frac{-\frac{du}{2}}{\sqrt{u}}$$

$$= -\frac{1}{2}\int u^{-1/2}\, du = -\frac{1}{2} \cdot \frac{u^{1/2}}{\frac{1}{2}} + C$$

$$= -u^{1/2} + C = -(16-x^2)^{1/2} + C$$

$$= -\sqrt{16-x^2} + C$$

Correct Answer - D

Integral

Test 1

1. $\int_{1}^{2} \frac{2x^3 + 1}{x^2} dx = ?$

   A) 3 B) $\frac{7}{2}$ C) 4 D) $\frac{9}{2}$ E) 5

2. $f'(x) = 12x^3 - 6x + 1$, $f(-1) = 5$, $f(1) = ?$

   A) 5 B) 6 C) 7 D) 8 E) 9

3. $\int (3x - 2) f(x) dx = 2x^3 + \frac{5}{2}x^2 - 6x + c$

   $\Rightarrow f(-1) = ?$

   A) –2 B) –1 C) 0 D) 1 E) 2

4. $\int_{1}^{2} \frac{dx}{3x + 1} = ?$

   A) $\frac{1}{2} \ln 14$ B) $\frac{1}{4} \ln \frac{7}{3}$ C) $\frac{1}{4} \ln \frac{3}{7}$ D) $\frac{1}{3} \ln \frac{4}{7}$ E) $\frac{1}{3} \ln \frac{7}{4}$

5. $\int \left(\frac{x+1}{x}\right) dx = ?$

54

A) $x + \ln|x| + c$ B) $x - \ln|x| + c$ C) $x.\ln|x| + c$

D) $\dfrac{x}{\ln|x|} + c$ E) $\dfrac{\ln|x|}{x} + c$

6. $\displaystyle\int_0^1 \dfrac{3x\,dx}{x+1} = ?$

A) $\ln\dfrac{e^3}{2}$ B) $\ln\dfrac{e^3}{8}$ C) $\ln\dfrac{e}{2}$ D) $\ln\dfrac{e}{8}$ E) $\ln 8e$

7. $\displaystyle\int_2^4 xy\,dy = 12 \Rightarrow x = ?$

A) 2 B) 3 C) 4 D) 5 E) 6

8. $\displaystyle\int_1^0 \dfrac{\ln x}{x}\,dx = ?$

A) $-\dfrac{1}{4}$ B) $-\dfrac{1}{2}$ C) 0 D) $\dfrac{1}{2}$ E) $\dfrac{1}{4}$

9. $\displaystyle\int_0^1 \dfrac{dx}{x^2+1} = ?$

A)$\frac{\pi}{12}$ B)$-\frac{\pi}{8}$ C)$\frac{\pi}{6}$ D)$\frac{\pi}{5}$ E)$\frac{\pi}{4}$

10. $\int_0^1 \frac{3x^3}{x^2+3} dx = ?$

A)$\frac{3}{2}\ln\frac{e}{4}$ B)$\frac{3}{2} \cdot \ln\frac{27e}{64}$ C)$\frac{3}{2}\ln\frac{e}{4}$ D)$\frac{3}{2}\ln\frac{3}{4}$ E)$\frac{3}{2}\ln\frac{1}{4}$

11. $\int_0^a (4x-5) dx = 12 \Rightarrow a = ?$

A) 0   B) 1   C) 2   D) 3   E) 4

12. $\int_0^1 (x^2 + e^x) dx = ?$

A) $e + \frac{4}{3}$ B) $e - \frac{4}{3}$ C) $e - \frac{2}{3}$ D) $e + \frac{2}{3}$ E) $e - \frac{3}{4}$

13. $\int_0^{\pi/2} \sin^2 x \cdot \cos x \, dx = ?$

A)$\frac{1}{3}$ B)$\frac{1}{6}$ C) 0   D)$-\frac{1}{3}$ E)$-\frac{1}{6}$

14. $b - a = 5$, $\int_a^b (2x + 1) \, dx = 25 \Rightarrow b = ?$

A) $\dfrac{5}{2}$ B) 3 C) $\dfrac{7}{2}$ D) 4 E) $\dfrac{9}{2}$

15. $\int_0^2 (x - 1)(x + 2) \, dx = ?$

A) $\dfrac{1}{3}$ B) $\dfrac{2}{5}$ C) $\dfrac{1}{2}$ D) $\dfrac{2}{3}$ E) 1

16. $\int_0^1 \left(\dfrac{1 - \sqrt{x}}{\sqrt{x}} \right) dx = ?$

A) 1 B) 2 C) 3 D) 4 E) 5

17. $\int_0^1 x^2 (x^3 + 2)^2 \, dx = ?$

A) 1 B) $\dfrac{4}{3}$ C) $\dfrac{19}{9}$ D) 2 E) $\dfrac{7}{3}$

18. $\int_0^{\pi/2} \cos^2 x \, dx = ?$

A) $\dfrac{\pi}{6}$ B) $\dfrac{\pi}{4}$ C) $\dfrac{\pi}{3}$ D) $\dfrac{\pi}{2}$ E) $\dfrac{3\pi}{3}$

19. $\int_1^2 x^2 \cdot \ln x \, dx = ?$

A) $\dfrac{8}{3}\ln 2 - \dfrac{5}{9}$ B) $\dfrac{8}{3}\ln 2 - \dfrac{2}{3}$ C) $\dfrac{8}{3}\ln 2 - \dfrac{7}{9}$

D) $\dfrac{1}{3}\ln 2$ E) $\dfrac{2}{3}\ln 2$

20. $\int_0^{e-1} \dfrac{x-1}{x+1} \, dx = ?$

A) $e - 6$ B) $e - 5$ C) $e - 4$ D) $e - 3$ E) $e - 2$

21. $\int_0^{\pi/2} x \cdot \sin x \, dx = ?$

A) 1   B) 2   C) 3   D) 4   E) 5

22. $\int (x + f(x)) \, dx = x^2 + ax + b, f(3) = 5 \Rightarrow a = ?$

A) 1   B) 2   C) 3   D) 4   E) 5

Answers					
1. B	2. C	3. D	4. E	5. A	6. B
7. A	8. D	9. E	10. B	11. E	12. C
13. A	14. E	15. D	16. A	17. C	18. B
19. C	20. D	21. A	22. B		

Integral

Test 2

1. $f(x) = \dfrac{1}{x+2} \Rightarrow \displaystyle\int_{2}^{3} d(f^{-1}(x)) = ?$

A) $-\dfrac{1}{12}$ B) $-\dfrac{1}{6}$ C) $-\dfrac{1}{3}$ D) $\dfrac{1}{3}$ E) $\dfrac{1}{6}$

2. $\displaystyle\int_{-1}^{2} (2x+1)(x^2+x+1)\,dx = ?$

A) 16   B) 20   C) 24   D) 28   E) 32

3. $\displaystyle\int_{-3}^{3} (x+|x|)\,dx = ?$

A) 1   B) 3   C) 6   D) 9   E) 12

4. $\displaystyle\int_{-2}^{3} |x^2 - 2x|\,dx = ?$

A) 8   B) $\dfrac{25}{3}$ C) $\dfrac{26}{3}$ D) 9   E) $\dfrac{28}{3}$

5. $\int_0^{\pi/4} (\cos x + \sin x)\, dx = \,?$

A) 1 B) $\dfrac{\sqrt{2}}{2}$ C) $\sqrt{2}$ D) $2\sqrt{2}$ E) 4

6. $\int_0^{\pi/4} \sin x \sin 2x\, dx = \,?$

A) $\sqrt{2}$ B) $\dfrac{\sqrt{2}}{2}$ C) $\dfrac{\sqrt{2}}{3}$ D) $\dfrac{\sqrt{2}}{4}$ E) $\dfrac{\sqrt{2}}{6}$

7. $\int_0^{3/2} \dfrac{dx}{9 + 4x^2} = \,?$

A) $\dfrac{\pi}{6}$ B) $\dfrac{\pi}{9}$ C) $\dfrac{\pi}{12}$ D) $\dfrac{\pi}{24}$ E) $\dfrac{\pi}{30}$

8. $\int_0^{\pi/2} \cos^2 x\, dx = \,?$

A) π B) $\dfrac{\pi}{2}$ C) $\dfrac{\pi}{4}$ D) $\dfrac{\pi}{6}$ E) 8

9. $\int_1^{e^2} x \cdot \ln x \cdot dx = ?$

A) $\dfrac{e^2 - 1}{4}$ B) $\dfrac{4e^4 - e^4 + 1}{4}$ C) $\dfrac{4e^4 - e^2}{4}$

D) $\dfrac{3e^2 + 1}{4}$ E) $\dfrac{e^4 - 4e^2 + 1}{4}$

10. $\int_0^1 \dfrac{2x}{3x + 4} dx = ?$

A) $\dfrac{3}{2}(1 + \ln 256)$ B) $\dfrac{1}{3}(1 + \ln 64)$ C) $\dfrac{2}{3}(1 + \ln 8)$

D) $\dfrac{2}{3}\left(1 + \dfrac{4}{3}\ln\dfrac{4}{7}\right)$ E) $\dfrac{2}{3}(1 + \ln 2)$

11. $\int_{\pi/6}^{\pi/4} \sqrt{1 - \cos 2x}\, dx = ?$

A) $\dfrac{\sqrt{6} + 2}{2}$ B) $\dfrac{\sqrt{6} - 1}{4}$ C) $\dfrac{\sqrt{6} + 1}{2}$ D) $\dfrac{\sqrt{6} - 1}{2}$ E) $\dfrac{\sqrt{6} - 2}{2}$

12. $\int_0^{\sqrt{3}} \dfrac{x^2 - 1}{x^2 + 1} dx = ?$

A) $\sqrt{3} - \dfrac{\pi}{3}$ B) $\sqrt{3} - \dfrac{\pi}{2}$ C) $\sqrt{3} - \dfrac{\pi}{6}$

D) $\sqrt{3} - \dfrac{2\pi}{3}$ E) $\sqrt{3} - \dfrac{\pi}{4}$

13. $\displaystyle\int_{1}^{e^2} \dfrac{\ln x}{x}\, dx = \,?$

A) -4 B) -2 C) 2 D) 4 E) 6

14. $\displaystyle\int_{0}^{\pi/2} x \cdot \cos x\, dx = \,?$

A) $\pi - 1$ B) $\dfrac{\pi}{2} - 1$ C) $\dfrac{\pi}{2} - 2$ D) $\pi - 2$ E) $\dfrac{\pi}{3} - 1$

15. $\displaystyle\int_{0}^{\ln 3} \dfrac{e^x}{e^x + 1}\, dx = \,?$

A) $\ln 2$ B) $\ln 4$ C) $\ln \dfrac{1}{2}$ D) $\ln 2\dfrac{1}{4}$ E) $\ln 8$

16. $\displaystyle\int_{1}^{\sqrt{3}} \dfrac{dx}{1 + x^2} = \,?$

A)$\frac{\pi}{24}$ B)$\frac{\pi}{12}$ C)$\frac{\pi}{6}$ D)$\frac{\pi}{3}$ E)$\frac{\pi}{2}$

17. $\int_{1}^{2} \frac{2}{x^2 + 2x} dx = ?$

A) $\ln\frac{1}{4}$ B) $\ln\frac{1}{2}$ C) $\ln\frac{3}{2}$ D) $\ln\frac{5}{2}$ E) $\ln 3$

18.

Shaded area = ?unit^2

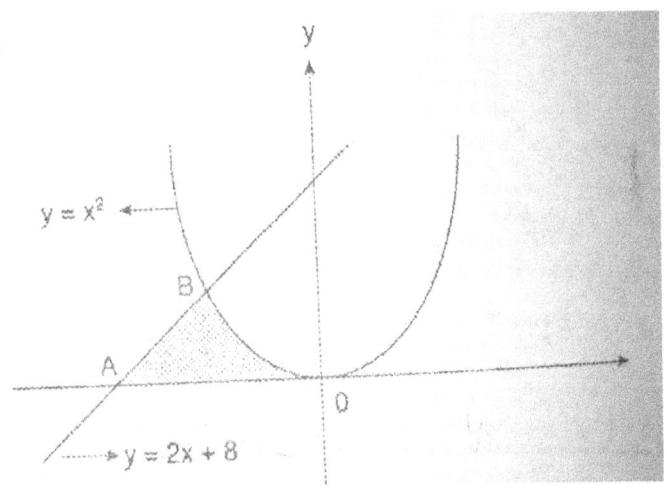

A) 4 B)$\frac{14}{3}$ C)$\frac{16}{3}$ D) 6 E)$\frac{20}{3}$

19. $f'(x) = 4x^3 - 3x^2 - 1$ ve $f(1) = 2 \Rightarrow f(3) = ?$

A) 24   B) 25   C) 26   D) 48   E) 54

20. $\int (2x - 1) \cdot f(x) \, dx = x^3 + x^2 - 3x + c \Rightarrow f(3) = ?$

A) 4   B) 5   C) 6   D) 7   E) 8

21. $f^{-1}(x) = \dfrac{3x - 1}{x + 4} \Rightarrow \int_{-1}^{1} d(f(x)) = ?$

A) $\dfrac{11}{4}$ B) $\dfrac{13}{4}$ C) $\dfrac{15}{4}$ D) $\dfrac{17}{4}$ E) 3

22. $\int_{-1}^{2} \dfrac{f'(x)}{f(x)} \, dx = ?$

A) $\ln \dfrac{e}{2}$ B) $\ln \dfrac{2}{e}$ C) $\ln 2e$ D) $\ln e^2$ E) $\ln 2 + 1$

23. $\int \dfrac{2x + 1}{2x - 1} \, dx = f(x), f(1) = 1 \Rightarrow f(3) = ?$

A) $2 + \ln 3$ B) $3 + \ln 2$ C) $3 + \ln 5$ D) $5 + \ln 5$ E) $5 + \ln$

24. $\int_{1}^{3} x \cdot y \cdot dy = 9 \Rightarrow x = ?$

A) 2 B) $\dfrac{9}{4}$ C) $\dfrac{5}{2}$ D) $\dfrac{11}{4}$ E) 3

25. $\int_{9}^{16} \dfrac{dx}{\sqrt{x}+x} = ?$

A) $\ln\dfrac{9}{25}$ B) $\ln\dfrac{16}{25}$ C) $\ln\dfrac{16}{9}$ D) $\ln\dfrac{9}{16}$ E) $\ln\dfrac{25}{16}$

26. $\int_{1}^{2} 5^{-2x+3} dx = ?$

A) $\dfrac{12}{5\ln 5}$ B) $\dfrac{5}{12\ln 5}$ C) $\dfrac{12}{3\ln 5}$ D) $\ln\dfrac{9}{16}$ E) $\ln\dfrac{25}{16}$

27. $\int \dfrac{x-3}{x^2-4x-5} dx = ?$

A) $\ln\left|\dfrac{x-3}{x^2-4x-5}\right| + c$ B) $\ln\sqrt{(x+1)^3 |x-5|} + c$

C) $\ln|x^2-4x-5| + c$ D) $\ln\sqrt[3]{\dfrac{(x+1)^2}{x-5}} + c$

E) $\ln \sqrt[3]{(x+1)^2 |x-5|} + c$

28. $\int \dfrac{2x^2 + 4x + 1}{2x^2 + 1} dx = \ ?$

A) $x + \ln|2x^2 + 1| + c$ B) $x - \ln|x^2 + 1| + c$

C) $x - \ln|2x^2 + 1| + c$ D) $x + \ln|x^2 + 1| + c$

E) $2x + \ln|2x^2 + 1| + c$

Answers					
1. B	2. C	3. D	4. E	5. A	6. E
7. D	8. C	9. B	10. D	11. E	12. D
13. C	14. B	15. A	16. B	17. C	18. E
19. E	20. C	21. B	22. A	23. C	24. B
25. E	26. A	27. E	28. A		

Integral

Test 3

1. $\int (x^2 + 3x)^2 \cdot (2x + 3)dx = \ ?$

A) $\dfrac{(x^2 + 3x)^3}{3} + x^2 + c$ B) $(x^2 + 3x)^3 + c$ C) $\dfrac{(x^2 + 3x)^3}{3} + c$

D) $\dfrac{(2x + 3)^3}{3} + c$ E) $4(x^2 + 3x)^3 + c$

2. $\int \dfrac{x\,dx}{(x^2 + 4)^3} = \ ?$

A) $-\dfrac{1}{(x^2 + 4)^2} + c$ B) $\ln(x^2 + 4) + c$ C) $\arctan(2x)$

D) $-\dfrac{1}{4(x^2 + 4)^2} + c$ E) $(x^2 + 4)^{-3} + c$

3. $\int \dfrac{\sin x}{\cos^2 x}\,dx = \ ?$

A) $\sec x + c$ B) $\tan x + c$ C) $\cot x + c$

D) $\operatorname{cosec} x + c$ E) $\sin x + c$

4. $\int \dfrac{e^x - e^{-x}}{2} dx = ?$

A) $\dfrac{1}{2}(e^x - e^{-x}) + c$ B) $(e^x + e^{-x}) + c$ C) $\dfrac{1}{2}(e^x + e^{-x}) + c$

D) $(e^x - e^{-x}) + c$ E) $(e^{2x} + e^{-2x}) + c$

5. $\int \dfrac{x}{x+1} dx = ?$

A) $\ln|x+1| + c$ B) $x + \ln|x+1| + c$ C) $\dfrac{1}{2}\ln|x+1| + c$

D) $x \cdot \ln|x+1| + c$ E) $x - \ln|x+1| + c$

6. $\int \dfrac{dx}{x^2 + 6x + 10} = ?$

A) $\dfrac{1}{2}\arctan(x+3) + c$

B) $\arctan(x+3) + c$ C) $2\arctan(x+3) + c$

D) $\arcsin(x+3) + c$ E) $\arccos(x+1) + c$

7. $\int \dfrac{dx}{\sqrt{4-(x-3)^2}} = ?$

A) $\arcsin(x-3) + c$ B) $\dfrac{1}{2}\arcsin x + c$ C) $\dfrac{1}{2}\arcsin\left(\dfrac{x-3}{2}\right) + c$

D) $\arccos\left(\dfrac{x-3}{2}\right) + c$ E) $\arcsin\left(\dfrac{x-3}{2}\right) + c$

8. $\int \dfrac{dx}{9x^2+4} = ?$

A) $\arctan\dfrac{3x}{4} + c$ B) $\dfrac{1}{3}\arctan\dfrac{3x}{2} + c$ C) $\dfrac{1}{6}\arctan\dfrac{3x}{2} + c$

D) $\dfrac{1}{4}\arctan\dfrac{x}{2} + c$ E) $\dfrac{1}{9}\arctan\dfrac{2x}{3} + c$

9. $\int \dfrac{5\,dx}{x^2-3x-4} = ?$

A) $5\ln|x^2-3x-4| + c$ B) $\ln\left|\dfrac{x-4}{x+1}\right| + c$ C) $\dfrac{1}{5}\ln\left|\dfrac{x-4}{x+1}\right| + c$

D) $\ln|x^2-3x-4| + c$ E) $\arctan\left|\dfrac{x-4}{x+1}\right| + c$

10. $\int_{1}^{\sqrt{3}} \dfrac{2x+1}{x^2+1}\, dx = ?$

A) $\ln 4 + \dfrac{\pi}{6}$ B) $\ln 2 + \dfrac{\pi}{2}$ C) $\ln 4 + \dfrac{\pi}{12}$

D) $\ln 2 + \dfrac{\pi}{12}$ E) $\ln 2 + \dfrac{\pi}{3}$

11. $\int_{-2}^{0} x\sqrt{2x^2+1}\, dx = ?$

A) -10 B) -5 C) $-\dfrac{13}{3}$ D) $-\dfrac{7}{2}$ E) $\dfrac{14}{3}$

12. $\int_{0}^{\pi/4} \sqrt{1-\cos 2x}\, dx = ?$

A) $\sqrt{2}+1$ B) $\dfrac{\sqrt{2}}{2}+1$ C) $\sqrt{2}-1$ D) $\dfrac{\sqrt{2}}{2}-1$ E) $2\sqrt{2}$

13. $\int_{e}^{e^2} \dfrac{dx}{x(\ln x)^2} = ?$

A) $\dfrac{3}{2}$ B) $\dfrac{2}{3}$ C) $\dfrac{1}{2}$ D) $-\dfrac{1}{2}$ E) $\dfrac{3}{4}$

14. $\int_0^4 |x-2|\, dx = ?$

A) −2 B) −4 C) 1 D) 2 E) 4

15. $\int_1^2 \frac{\ln x}{x}\, dx = ?$

A) ln 4 B) (ln 2) C) (ln 2)² D) $\frac{1}{2}$(ln 2)² E) $\frac{1}{4}$(ln 2)²

16. $\int_1^2 \frac{2x^3 - 3x^2 + 1}{x^2}\, dx = ?$

A) $\frac{1}{2}$ B) 1 C) $\frac{3}{2}$ D) 2 E) $\frac{5}{2}$

17. $\int_{1-e}^{2} \frac{dx}{x+e} = ?$

A) e B) 1 + ln 2 C) ln(2 + e) D) 2 + ln 2 E) 2e

18. $\int_0^{\pi/4} \cos^2 x \, dx = ?$

A) $\dfrac{\pi}{2}+1$ B) $\dfrac{1}{2}+\dfrac{\pi}{2}$ C) $\dfrac{1}{4}+\dfrac{\pi}{8}$ D) $\dfrac{1}{2}+\pi$ E) $-\pi$

19. $f(x) = \int_0^{\cos x} t \cdot dt \Rightarrow f'\left(\dfrac{\pi}{6}\right) = ?$

A) $\dfrac{\sqrt{2}}{2}$ B) $-\dfrac{\sqrt{3}}{4}$ C) $2\sqrt{3}$ D) $\dfrac{\sqrt{3}}{2}$ E) 0

20. $\int x^2 \ln x \cdot dx = ?$

A) $\dfrac{x^2}{2}\ln x - \dfrac{x^3}{3} + c$ B) $\dfrac{x^3}{3}\ln x - \dfrac{x^3}{9} + c$ C) $\ln x - \dfrac{x^3}{9} + c$

D) $x^3 \cdot \ln x - x^3 + c$ E) $x^2 \ln x - x\ln x + c$

Answers					
1. C	2. D	3. A	4. C	5. E	6. B
7. E	8. C	9. B	10. D	11. C	12. C
13. C	14. E	15. D	16. A	17. C	18. C
19. B	20. B				

Integral

Test 4

1. $\int 3x^2 + 2\sqrt{x} + 4 \, dx = ?$

A) $x^3 + 4\sqrt{x^3} + 4x + C$ B) $3x^3 + \sqrt{x} + 4x + C$

C) $x^3 + \dfrac{4}{3}\sqrt{x^3} + 4x + C$ D) $x^3 + 3\sqrt{x^3} + 4x + C$

E) $x^3 + 3\sqrt{x^3} + 4 + C$

2. $\int \dfrac{3x^2 + 4}{(x^3 + 4x)^2} \, dx = ?$

A) $\ln|x^3 + 4x| + C$ B) $\ln|3x^2 + 4| + C$ C) $x^3 + 4x + C$

D) $-x^3 - 4x + C$ E) $-\dfrac{1}{x^3 + 4x} + C$

3. $\int x^2(x^3 + 1)^2 \, dx = ?$

A) $\dfrac{(x^3 + 1)^3}{3} + C$ B) $\dfrac{(x^3 + 1)^3}{9} + C$ C) $\dfrac{(x^3 + 1)^2}{3} + C$

D) $\dfrac{(x^3 + 1)^2}{9} + C$ E) $3x + 1 + C$

4. $\int (e^{3x} + 5^{2x}) dx = ?$

A) $e^{3x} + 2 \cdot 5^{2x} \ln 5 + C$ B) $\dfrac{e^{3x}}{3} + \dfrac{2 \cdot 5^{2x}}{\ln 5} + C$

C) $\dfrac{e^{2x}}{3} + \dfrac{5^{2x}}{2\ln 5} + C$ D) $\dfrac{e^{3x}}{3} + \dfrac{5^{2x}}{2\ln 5} + C$

E) $e^{3x} + \dfrac{\ln 5 \cdot 5^{2x}}{2} + C$

5. $\int \dfrac{\cos x}{2 + \sin x} dx = ?$

A) $\dfrac{1}{(2 + \sin x)^2} + C$

B) $\ln(2 + \sin x) + C$ C) $2\ln(2 + \sin x) + C$

D) $\dfrac{1}{\ln(2 + \sin 2x)} + C$ E) $\ln(\cos x)^2 + C$

6. $\int \dfrac{\cos x}{1 + \sin^2 x} dx = ?$

A) $\arctan x + C$ B) $\text{arccot } x + C$ C) $\arctan(\sin x) + C$

D) $\arctan(\sin x) + C$ E) $\arcsin x + C$

7. $\int \dfrac{\ln(\sin x) \cdot \cos x}{\sin x} dx = ?$

A) $\dfrac{\ln|\cos x|}{2} + C$ B) $\dfrac{\ln|\sin x|}{2} + C$ C) $\dfrac{\ln^2|\sin x|}{2} + C$

D) $\dfrac{\ln|\arcsin x|}{2} + C$ E) $\dfrac{\ln|\sin x| + \cos x}{2} + C$

8. $\int \dfrac{2x+1}{x} dx = ?$

A) $2x + \ln|x| + C$ B) $2 + \ln|x| + C$ C) $\dfrac{2}{x^2} + C$

D) $\dfrac{x^2}{2} + \ln|x| + C$ E) $2x + \ln x^2 + C$

9. $\int (x^2 y + e^x y + e^y) dy = ?$

A) $\dfrac{x^{3y}}{3} + e^x y + xe^y + C$ B) $\dfrac{x^2 y^2}{2} + e^x y + e^y + C$

C) $\dfrac{y^2(x^2 + e^x)}{2} + e^y + C$ D) $x^2 y + \dfrac{e^x y^2}{2} + C$

E) $\dfrac{x^2 + y^2}{2} + \dfrac{e^x y^2}{2} + xe^y + C$

10. $\int \cos(\cos^2 x) \cdot \sin 2x \, dx = ?$

A) $-\sin(\cos^2 x) + C$ B) $-\cos(\cos^2 x) + C$

C) $\sin(\cos^2 x) + C$

D) $-2\sin(\cos x) + C$ E) $-\sin(\cos x) + C$

11. $\int (2x+1) f(x) dx = 2x^3 + 5x^2 + 10x + C \Rightarrow f(-1) = ?$

A) -12 B) -8 C) -6 D) 3 E) 12

12. $\int \dfrac{x^2 \arctan x^3}{1+x^6} dx = ?$

A) $\dfrac{(\arctan x^3)}{3} + C$ B) $\dfrac{\arctan x^2}{6} + C$ C) $\dfrac{(\arctan x^3)^2}{3} + C$

D) $\dfrac{(\arctan x^3)^2}{6} + C$ E) $\dfrac{(\arctan x^3)^2}{2} + C$

13. $\int \dfrac{1}{\sqrt{81-9x^2}} dx = ?$

A) $\arctan\dfrac{x}{3} + C$ B) $\dfrac{\arctan\dfrac{x}{3}}{9} + C$ C) $\dfrac{\arctan\dfrac{x}{3}}{2} + C$

D) $\dfrac{\arctan\dfrac{x}{3}}{3} + C$ E) $\dfrac{1}{3}\arcsin\dfrac{x}{3} + C$

14. $\displaystyle\int \dfrac{1}{x^2 + 6x + 10}\, dx = \,?$

A) $\arcsin(x+3) + C$

B) $2\arctan(x+3) + C$ C) $\dfrac{\arctan(x+3)}{2} + C$

D) $\dfrac{\arcsin(x+3)}{2} + C$ E) $\arctan(x+3) + C$

15. $\displaystyle\int \dfrac{e^{\tan x}}{\cos^2 x}\, dx = \,?$

A) $\arctan(\cos x) + C$ B) $\tan(\cos x) + C$ C) $e^{\sin^2 x} + C$

D) $e^{\cos^2 x} + C$ E) $e^{\tan x} + C$

16. $\displaystyle\int \dfrac{2^x}{2^{x+1} + 4^x + 1}\, dx = \,?$

A) $\dfrac{\arctan 2^x}{\ln 2} + C$ B) $\dfrac{\sin 2^x}{\ln 2} + C$ C) $\dfrac{\arctan(2^x + 1)}{\ln 2} + C$

D) $\dfrac{1}{\ln 2 \cdot (2^x + 1)} + C$ E) $-\dfrac{1}{\ln 2 \cdot 2^x} + C$

Answers							
1. C	2. E	3. B	4. D	5. B	6. C		
7. C	8. A	9. C	10. A	11. C	12. D		
13. E	14. E	15. E	16. D				

Integral

Test 5

1. $\int \dfrac{1}{4 + 64x^2}\, dx = \ ?$

A) $\dfrac{\arcsin 16x}{16} + C$ B) $\dfrac{\arctan 4x}{16} + C$ C) $\dfrac{\arctan 64x}{16} + C$

D) $\dfrac{\arctan 16x}{64} + C$ E) $\dfrac{\arcsin 4x}{4} + C$

2. $\int \dfrac{-\sin x}{\sqrt{2 - \cos^2 x}}\, dx = \ ?$

A) $\sqrt{2}\arctan\left(\dfrac{\cos x}{\sqrt{2}}\right) + C$ B) $\sqrt{2}\arcsin\left(\dfrac{\cos x}{\sqrt{2}}\right) + C$

C) $\arcsin\left(\dfrac{\cos x}{\sqrt{2}}\right) + C$ D) $\dfrac{\arcsin\left(\dfrac{\cos x}{\sqrt{2}}\right)}{\sqrt{2}} + C$

E) $-\sqrt{2}\arcsin\left(\dfrac{\cos x}{\sqrt{2}}\right) + C$

3. $\int x \cdot \log_5 e^{x^2}\, dx = \ ?$

A) $\dfrac{x^4}{4\ln 5}+C$ B) $\dfrac{x^3}{3}\log_5 e+C$ C) $\dfrac{x^4}{4}\cdot\log_5 e^{x^2}+C$

D) $2\log_5 e^{x^2}+C$ E) $\dfrac{2\cdot\log_5 e^{x^2}}{\ln 5}+C$

4. $0<x<\dfrac{\pi}{2}$

$\displaystyle\int 3\sin^2(\pi-x)\cdot\cos(\pi+x)\,dx = \ ?$

A) $\dfrac{\sin^3 x}{3}+C$ B) $\dfrac{\cos^3 x}{3}+C$ C) $\dfrac{\tan^2 x}{2}+C$

D) $-\dfrac{\sin^3 x}{3}+C$ E) $-\sin^3 x+C$

5. $0<x<\dfrac{\pi}{2}$

$\displaystyle\int \sqrt{36-4x^2}\,dx = \ ?$

A) $x\cdot\sqrt{9-x^2}+\arcsin\dfrac{x}{3}+C$ B) $9x\cdot\sqrt{9-x^2}+\arcsin\dfrac{x}{3}+C$

C) $x\cdot\sqrt{9-x^2}+9\arcsin\dfrac{x}{3}+C$ D) $x\cdot\sqrt{9-x^2}+\dfrac{x}{3}+C$

E) $x\cdot\sqrt{9-x^2}+\arcsin x+C$

6. $\int \dfrac{x^2 + 3x + 1}{x^2 + x}\, dx = ?$

A) $\arctan |x^2| + C$ B) $\ln |x^2 + x| + C$ C) $x + \ln |x^2 + x| + C$

D) $\dfrac{x^2 + \ln |x^2 + x|}{x} + C$ E) $(2x + 1) \cdot \ln |x| + C$

7. $\int \dfrac{1 - \sqrt{x}}{2\sqrt{x}}\, dx = ?$

A) $\dfrac{(1 - \sqrt{x})^2}{2} + C$ B) $\sqrt{x} - \dfrac{1}{2}x + C$ C) $(\sqrt{x} + 1)^2 + C$

D) $\dfrac{x + \sqrt{x}}{2} + C$ E) $\dfrac{1 + \sqrt{2}\, x}{2} + C$

8. $\int \dfrac{dx}{\sqrt{x} + x} = ?$

A) $2\sqrt{x} - \ln(1 + \sqrt{x}) + C$

B) $2\ln(1 + \sqrt{x}) + C$ C) $x - \ln(1 + \sqrt{x}) + C$

D) $\dfrac{\ln(1 + \sqrt{x})}{2} + C$ E) $2\ln\left(\dfrac{1 + (x)}{x}\right) + C$

9. $f(x) = \int \left(\cos^2 x + \cos 2x - \dfrac{1}{2}\right) dx$ ve $(and) f(0) = 0$

$\Rightarrow f\left(\dfrac{\pi}{4}\right) = ?$

A) 1   B) $\dfrac{3}{4}$ C) $\dfrac{7}{4}$ D) $\dfrac{9}{2}$ E) $\dfrac{9}{4}$

10. $\displaystyle\int \dfrac{1}{x^2 + 5x + 6}\, dx = ?$

A) $\ln\left(\dfrac{x+1}{x+2}\right) + C$ B) $\ln\left(\dfrac{x+3}{x+2}\right) + x + C$ C) $\ln\left(\dfrac{x+2}{x+3}\right) +$

D) $\ln\left(\dfrac{x^3}{3} + \dfrac{5x^2}{2} + 6x\right) + C$ E) $\ln(x^2 + 5x + 6) + C$

11. $\displaystyle\int \dfrac{1}{x^2 + 8x + 17}\, dx = ?$

A) $\arctan(x+4) + C$ B) $\text{arccot}(x+4) + C$ C) $\ln(x+4) +$

D) $\arcsin(x+4) + C$ E) $\ln(x+4)^2 + C$

12. $\displaystyle\int \dfrac{\cot x}{\ln|\sin x|}\, dx = ?$

A) $\ln|\sin x| + C$ B) $\ln|\ln|\sin x|| + C$ C) $\ln|\cos x| + C$

D) $\dfrac{1}{\ln|\sin x|} + C$ E) $1 + \ln|\sin x| + C$

13. $\int \sin^6 x \cdot \cos^3 x \, dx = ?$

A) $\dfrac{\sin^7 x}{7} + \dfrac{\cos^4 x}{4} + C$

B) $\sin^9 - \sin^7 + C$

C) $\dfrac{\sin^7 x}{7} - \dfrac{\sin^9 x}{9} + C$

D) $\dfrac{\sin^7}{7} - \dfrac{\cos^8 x}{9} + C$

E) $\dfrac{\tan^7}{7} + C$

14. $\int \dfrac{\sqrt[3]{2x+7} - \sqrt{2x+7}}{2x+7} \, dx = ?$

A) $\sqrt[6]{2x+7} + C$

B) $\sqrt[6]{(2x+7)^2} - \sqrt[6]{(2x+7)^3} + C$

C) $\dfrac{3}{2}\sqrt[3]{(2x+7)} - \sqrt{(2x+7)} + C$

D) $\dfrac{3}{2}\sqrt{(2x+7)} - \sqrt[3]{(2x+7)} + C$

E) $\dfrac{3}{2}\sqrt[3]{(2x+7)^2} + \sqrt{(2x+7)} + C$

15. $\int \dfrac{1}{\sqrt{(x-x^2)}} \, dx = ?$

A) $\arcsin \dfrac{x}{2} + C$

B) $2\arcsin \dfrac{3x}{2} + C$

C) $\arctan \sqrt{x} + C$

D) $\arcsin \sqrt{x} + C$

E) $2\arcsin \sqrt{x} + C$

Answers					
1. B	2. C	3. A	4. E	5. C	6. C
7. B	8. B	9. B	10. C	11. A	12. A
13. C	14. C	15. E			

Integral

Test 6

1. $F(x) = \displaystyle\int_0^{\sqrt{x}} (t+2)^{1/2}\, dt \Rightarrow F'(4) = ?$

A) 2 B) 1 C) $\dfrac{1}{2}$ D) $\dfrac{1}{4}$ E) $\dfrac{1}{8}$

2. $F(x) = \displaystyle\int_1^{2x} \cos(t^2)\, dt \Rightarrow F'\left(\dfrac{\sqrt{2\pi}}{4}\right) = ?$

A) $-\dfrac{1}{2}$ B) $-\dfrac{\sqrt{2}}{2}$ C) 0 D) $\dfrac{\sqrt{2}}{2}$ E) $\dfrac{1}{2}$

3. $F(x) = \displaystyle\int_{\sin x}^{0} \dfrac{dt}{2+t} \Rightarrow F'\left(\dfrac{5\pi}{6}\right) = ?$

A) $-\dfrac{\sqrt{3}}{2}$ B) $-\dfrac{1}{3}$ C) $\dfrac{1}{3}$ D) $\dfrac{\sqrt{3}}{3}$ E) $\dfrac{\sqrt{3}}{5}$

4. $F(x) = \displaystyle\int_x^{x^2} \ln(t)\, dt \Rightarrow F'(e) = ?$

A) $4e - 1$ B) $2e - 1$ C) 3 D) 2 E) $4e + 1$

5. $F(x) = \int_x^{\ln x} e^t \, dt \Rightarrow F'(1) = ?$

A) $1+e$ B) $1-e$ C) e D) 0 E) 1

6. $F(x) = \int_x^{x^2} \dfrac{\ln t}{2+\ln^2 t} \, dt \Rightarrow F'(e) = ?$

A) $\dfrac{2e}{3}$ B) $\dfrac{2}{3}$ C) $\dfrac{2e+1}{4}$ D) $\dfrac{2e-1}{3}$ E) $\dfrac{2e+1}{4}$

7. $\int \sin x \cdot f(x) \, dx = \sin^2 x - \cos^2 x + x \Rightarrow f\left(\dfrac{\pi}{3}\right) = ?$

A) 2 B) $\dfrac{2\sqrt{3}}{3}$ C) $2 + \dfrac{2\sqrt{3}}{3}$ D) $\dfrac{2\sqrt{3}+1}{3}$ E) $\sqrt{3} + \dfrac{2}{3}$

8. $\int x \cdot f(x) \, dx = x^3 + 3ax^2 - 2x + 4$

$f(2) = 9 \Rightarrow a = ?$

A) 2 B) $\dfrac{1}{2}$ C) $\dfrac{1}{4}$ D) $\dfrac{2}{3}$ E) $\dfrac{3}{4}$

9. $\int f(x)\,dx = \arctan(2x) + \sin\frac{\pi}{2}x - \frac{\sqrt{2}\pi}{4}x$

$\Rightarrow f\left(\frac{1}{2}\right) = ?$

A) 1 B) $1 + \frac{\pi\sqrt{2}}{2}$ C) $1 - \frac{2\sqrt{2}}{4}$ D) $\frac{1}{2}$ E) $1 + \frac{\pi}{2}$

10. $F(x) = \int_0^{2x} \sin\left(\frac{\pi}{4}t\right) dt \Rightarrow F'(1) = ?$

A) 1 B) $\frac{3}{2}$ C) 2 D) 3 E) $\frac{7}{2}$

11. $\int \sec^2 x\, f(x)\,dx = \tan^2 x(1 + \tan x) + x \Rightarrow f\left(\frac{\pi}{4}\right) = ?$

A) 3 B) 5 C) $\frac{11}{2}$ D) $\frac{13}{2}$ E) $\frac{15}{2}$

12. $\frac{df(x)}{dx} = 3x - 4$ ve (and) $f(-1) = \frac{13}{2} \Rightarrow f(x) = ?$

A) $y = \frac{3x^2}{2} - 4x + 2$ B) $y = \frac{3x^2}{2} - 4x + 1$ C) $y = \frac{3x^2}{2} - 4x + 3$

D) $y = \frac{1}{2} - x^3 - 2x^2 - 2$ E) $y = x^2 - 4x + 6$

13. $\dfrac{d^2 f(x)}{dx^2} = x^2 - 2x, \dfrac{df(1)}{dx} = 0, f(1) = 1 \Rightarrow f(x) = ?$

A) $f(x) = -\dfrac{1}{6}x^3 - \dfrac{1}{3}x^2 + \dfrac{4}{3}x + 2$

B) $f(x) = -\dfrac{1}{12}x^3 - \dfrac{1}{6}x^2 + \dfrac{4}{3}x + 1$

C) $f(x) = -\dfrac{1}{12}x^3 - \dfrac{1}{3}x^2 + \dfrac{4}{3}x - \dfrac{1}{24}$

D) $f(x) = -\dfrac{1}{12}x^4 - \dfrac{1}{3}x^3 + \dfrac{4}{3}x + \dfrac{1}{12}$

E) $f(x) = -\dfrac{1}{12}x^4 - \dfrac{1}{3}x^3 + \dfrac{1}{2}x^2 + \dfrac{4}{3}x + \dfrac{1}{12}$

14. $\dfrac{d^3 f(x)}{dx^3} = e^x + 1, \dfrac{d^2 f(0)}{dx^2} = 1, \dfrac{df(0)}{dx} = 2, f(0) = 3$

$\Rightarrow f(x) = ?$

A) $f(x) = e^x + \dfrac{x^2}{3} + x + 9$ B) $f(x) = e^x + \dfrac{x^2}{3} + 3x + 6$

C) $f(x) = 2e^x + \dfrac{x \cdot e^x}{3} + x^2 \cdot e^x + 12$

D) $f(x) = e^x + \dfrac{e^{2x}}{3} + x \cdot e^x + 6$

E) $f(x) = e^x + \dfrac{1}{6}x^3 + x + 2$

15. $\dfrac{df(x)}{dx} = x^2 - x, f(3) = 4 \Rightarrow f(1) = ?$

A) 2 B) $\dfrac{3}{2}$ C) $\dfrac{1}{3}$ D) $-\dfrac{2}{3}$ E) -2

16. $F(x) = \displaystyle\int (x^2 - 1)e^{x^3 - 3x} dx, F(\sqrt{3}) = 3 \Rightarrow F(x) = ?$

A) $e^{x^3 - 3x} + \dfrac{3}{4}$ B) $\dfrac{1}{3}e^{x^3 - 3x} + \dfrac{8}{3}$ C) $(x^2 - 1)e^{x^2 - 1} + 7$

D) $\dfrac{1}{2}e^{x^2 - 1} + \dfrac{9}{4}$ E) $\dfrac{1}{3}e^{x^3 - 3x} + \dfrac{11}{3}$

17. $f(x) = \dfrac{2x}{x^2 + 5}, f(1) = \dfrac{1}{3}$ ve (and) $\displaystyle\int d\left(\dfrac{2x}{x^2 + 5}\right) = \dfrac{3}{7}$

$\sum x = ?$

A) 4 B) $\dfrac{13}{3}$ C) $\dfrac{14}{3}$ D) 5 E) $\dfrac{7}{3}$

18. $f(x) = \displaystyle\int \dfrac{1}{x \ln x} dx$ ve (and) $f(e) = 6 \Rightarrow f(x) = ?$

A) $\ln \dfrac{x+6}{\quad}$ B) $\ln^2 x + 6$ C) $2\ln x + 3$ D) $\ln(\ln x) + 6$ E) $x^2 \ln x + 9$

Answers					
1. C	2. C	3. E	4. A	5. B	6. D
7. C	8. D	9. A	10. C	11. C	12. B
13. D	14. E	15. D	16. B	17. C	18. D

Integral

Test 7

1. $\int_{-2}^{1} |x|\, dx = ?$

A) $\dfrac{7}{2}$ B) 4 C) 3 D) $\dfrac{11}{4}$ E) $\dfrac{5}{2}$

2. $\int_{1}^{3} (x+1)e^{x^2+2x}\, dx = ?$

A) $\dfrac{e^3}{2}(e^{12}-1)$ B) $\dfrac{e^2}{3}(e^9-1)$ C) $\dfrac{e^{12}}{3}-1$

D) $e^{15}-15$ E) $\dfrac{1}{2}e^3(e^9+1)$

3. $\int_{4}^{6} \dfrac{2}{(x-3)^3}\, dx = ?$

A) 2   B) $\frac{3}{2}$ C) 1   D) $\frac{2}{3}$ E) $\frac{3}{4}$

4. $\int_{1/2}^{3} \frac{1}{x^2} dx = ?$

A) $-\frac{1}{3}$ B) $-\frac{1}{6}$ C) 2   D) $\frac{5}{3}$ E) $\frac{5}{4}$

5. $\int_{3}^{4} \frac{e^{\ln x}}{x} dx = ?$

A) $2 \cdot \ln 2$ B) 0   C) 3   D) 2   E) 1

6. $\int_{0}^{2} x^2 e^{x^3} dx = ?$

A) $\frac{1}{3}(e^6 - 1)$ B) $\frac{e}{3}(e^6 - 1$ C) $\frac{1}{3} e^9 - 1$

D) $e^6 - 1$ E) $\frac{1}{6}(e^6 - 1)$

7. $\int_{1}^{2} x \ln x \, dx = ?$

A) ln 2 − 1   B) $\frac{5}{4}$ C) ln 4 − 3

D) ln 4 − $\frac{3}{4}$ E) ln 8 − $\frac{1}{2}$

8. $\int_0^1 \frac{dx}{4-x^2} = ?$

A) $\frac{1}{2}\ln 3$ B) $\frac{3}{4}$ C) $\frac{\pi}{3}$ D) $\frac{1}{4}\ln\left(\frac{3}{4}\right)$ E) $\frac{\pi}{6}$

9. $\int_0^2 \frac{dx}{4+x^2} = ?$

A) $\frac{1}{4}$ B) $\frac{1}{8}$ C) $\frac{\pi}{4}$ D) $\frac{\pi}{6}$ E) $\frac{\pi}{8}$

10. $\int \frac{dx}{\sqrt{4-(x-1)^2}} = ?$

A) arcsin$\left(\frac{x-1}{2}\right) + C$ B) arcos$\left(\frac{x-1}{2}\right) + C$

C) arcsec$\left(\frac{x-1}{2}\right) + C$ D) arctan$\left(\frac{x-1}{4}\right) + C$

E) arccosec$\left(\frac{x-1}{4}\right) + C$

11. $\int \dfrac{dx}{x \cdot \sqrt{a^2 + x^2}} = ?$

A) $\dfrac{x}{a + \sqrt{a^2 - x^2}} + C$ B) $\dfrac{1}{a}\ln \left| \dfrac{x}{a + \sqrt{x^2 + a^2}} \right| + C$

C) $\dfrac{1}{a^2}\arcsin \left(\dfrac{x}{a + \sqrt{x^2 + a^2}} \right) + C$ D) $\dfrac{ax}{a + \sqrt{x^2 + a^2}} + C$

E) $\dfrac{1}{a^2}\ln \left| \dfrac{2x}{a + \sqrt{x^2 + a^2}} \right| + C$

12. $\int_{2\sqrt{2}}^{3} \dfrac{dx}{x\sqrt{9 - x^2}} = ?$

A) $\ln(\sqrt{6} + \sqrt{2}) - \ln 2$ B) $\dfrac{1}{2}\ln(2 + \sqrt{3})$ C) $\ln\sqrt{6} - \ln\sqrt{3}$

D) $\ln\sqrt{3} - 1$ E) $\ln\sqrt{2} + 1$

13. $\int_{0}^{\pi/8} \sec 2t \, dt = ?$

A) $\ln(\sqrt{6} + \sqrt{2}) - \ln 2$ B) $\ln(\sqrt{3} + 1) - \ln 2$

C) $\ln\sqrt{6} - \ln\sqrt{3}$ D) $\ln\sqrt{3} - 1$

E) $\ln\sqrt{2} + 1$

14. $\int \tan^2 4x \, dx = ?$

A) $\frac{1}{4}\tan^2 4x + x + C$ B) $\frac{1}{4}\tan^2 4x + 4x - x + C$

C) $\frac{1}{16}\tan 4x - x + C$ D) $\frac{1}{16}\tan^2 4x - 2x + C$

E) $\frac{1}{4}\tan 4x - x + C$

15. $\int_{e/3}^{e^6/3} \frac{dx}{x \ln(3x)} = ?$

A) 3   B) $\frac{1}{2}\ln 3$ C) $\ln 6$ D) 6   E) $\frac{3}{4}$

16. $\int \tan^3 x \cdot \sec x \, dx = ?$

A) $\frac{1}{3}\tan^3 x - \tan x + C$ B) $\frac{1}{4}\tan^3 x + \tan x + C$

C) $\frac{1}{4}\sec^4 x + \tan x + C$ D) $\frac{1}{3}\sec^3 x - \sec x + C$

E) $\frac{1}{2}\sec^2 x + \sec x + C$

Answers

1. E	2. A	3. E	4. D	5. E	6. A
7. D	8. D	9. E	10. A	11. B	12. B
13. B	14. E	15. C	16. D		

Integral

Test 8

1. $\dfrac{dy}{dx} = \dfrac{1}{9+x^2} \Rightarrow \displaystyle\int_0^3 dy = \,?$

A) $\dfrac{\pi}{6}$ B) $\dfrac{\pi}{9}$ C) $\dfrac{\pi}{12}$ D) $\dfrac{\pi}{18}$ E) $\dfrac{\pi}{24}$

2. $\displaystyle\int \dfrac{\sin x}{2 - \cos x} dx = \,?$

A) $2 + \cos x + C$ B) $\ln(2 - \cos x) + C$

C) $\ln(2 - \sin x) + C$ D) $2 - \ln(\cos x) + C$

E) $\ln(4 - \tan x) + C$

3. $\int \dfrac{x\,dx}{1-x^2} = ?$

A) $-\dfrac{1}{2}\ln|1-x^2| + C$ B) $\dfrac{1}{2}\ln|1-x^2| + C$

C) $\dfrac{1}{4}\ln|1-x| - \dfrac{1}{4}\ln|1+x| + C$

D) $\ln|x^2 - 1| + C$ E) $2\ln|x-1| + C$

4. $\int (\ln x)^2 \dfrac{dx}{x} = ?$

A) $\dfrac{1}{2}\ln x^2 + c$ B) $\dfrac{1}{3}(\ln x)^3 + c$ C) $\dfrac{1}{3}\ln x^3 + c$

D) $\dfrac{1}{6}(\ln x)^2 + c$ E) $3\ln x + c$

5. $\int e^{\sin x} \cos x\, dx = ?$

A) $e^{\cos x} + C$ B) $e^{\tan x} + C$ C) $e^{\sin x} + x + C$

D) $e^{\cos x + 1} + C$ E) $e^{\sin x} + C$

6. $\int_{e}^{e^2} \dfrac{dx}{x \ln x} = ?$

A) $\dfrac{1}{2}$ B) 2   C) $-\ln 2$ D) $\ln 2$ E) $2\ln 2$

7. $\int_{0}^{\ln 2} e^{-2x} dx = ?$

A) $\dfrac{3}{4}$ B) $\dfrac{3}{8}$ C) $\dfrac{3}{16}$ D) $\dfrac{5}{6}$ E) $\dfrac{5}{8}$

8. $\int_{0}^{\pi/8} (\cos x) \cdot 4^{-\sin x} = ?$

A) $\dfrac{1}{\ln 16}$ B) $\dfrac{1}{\ln 8}$ C) $\dfrac{1}{\ln 4}$ D) $\dfrac{1}{\ln 2}$ E) $2\ln 2$

9. $\int_{0}^{3} x(e^{x^2-1}) = ?$

A) $\dfrac{e^9 + 1}{2e}$ B) $\dfrac{e^9 - 1}{e}$ C) $\dfrac{e^9 - 1}{2e}$

D) $\dfrac{e^6 - 1}{e}$ E) $\dfrac{1 - e^9}{4}$

10. $\int_0^1 (e^x + 1) \, dx = ?$

A) 1   B) e   C) e + 1   D) e − 1   E) 2e

11. $\int \sec x \, dx = ?$

A) $\ln|\sec x + \tan x| + C$ B) $\ln|\sec x - \tan x| + C$

C) $\sec x \cdot \tan x + C$ D) $\sec x + \tan x + C$

E) $\frac{1}{2}|\sec x + \tan x| + C$

12. $\int_0^{\pi/6} \sec x \, dx = ?$

A) $\frac{2}{3}$ B) $\frac{1}{6}$ C) $\frac{1}{3}$ D) $-\frac{1}{3}$ E) $-\frac{2}{3}$

13. $\int_{\pi/6}^{\pi} \tan^3 2x \, dx = ?$

A) $\frac{3}{2}$ B) $\frac{\ln 2 + 3}{2}$ C) $\frac{\ln 4 - 3}{4}$

D) $\ln 4 + 1$ E) $\ln 2 - 1$

14. $\int_{0}^{\pi/4} \dfrac{\sec^2 x}{2 + \tan x} dx = ?$

A) 0   B) 1   C) 2   D) ln 2 − ln 3   E) ln 3 − ln 2

15. $\int_{\pi/18}^{\pi/6} \sin^2 3x \cdot \cos 3x \, dx = ?$

A) $\dfrac{3}{8}$ B) $\dfrac{5}{16}$ C) $\dfrac{9}{32}$ D) $\dfrac{11}{72}$ E) $\dfrac{7}{72}$

16. $\int_{0}^{\pi/3} \dfrac{\sin^3 x}{\cos^2 x} dx = ?$

A) $\dfrac{3}{2}$ B) 1   C) $\dfrac{3}{4}$ D) $\dfrac{1}{2}$ E) $\dfrac{1}{4}$

17. $\int_{0}^{1} \dfrac{dx}{\sqrt{4-x^2}} = ?$

A) $\dfrac{1}{2}$ B) $\dfrac{\pi}{3}$ C) $\dfrac{\pi}{4}$ D) $\dfrac{\pi}{6}$ E) $\dfrac{\pi}{12}$

18. $\int_{0}^{2} \dfrac{x \, dx}{4 + x^2} = ?$

A) $\ln\sqrt{2}$ B) $\ln 2$ C) $\ln\sqrt[3]{2}$ D) $2\ln 2$ E) $3\ln 2$

19. $\displaystyle\int_0^{\pi/4} \dfrac{\sin\theta}{\sqrt{1-\cos^2\theta}}\, d\theta = ?$

A) $\dfrac{3}{2}$ B) $\dfrac{3}{4}$ C) $\dfrac{\pi}{4}$ D) $\dfrac{\pi}{12}$ E) $\dfrac{\pi}{18}$

Answers					
1. C	2. B	3. A	4. B	5. A	6. D
7. B	8. A	9. C	10. B	11. A	12. C
13. C	14. E	15. E	16. D	17. D	18. A
19. C					

Integral

Test 9

1. $\int_0^1 x^2 e^x \, dx = \, ?$

   A) $5e + 1$ B) $2e - 1$ C) $e - 2$ D) $e + 2$ E) $e - 4$

2. $\int_0^{2\sqrt{3}} \dfrac{(x^2 + 4) \cdot x}{(x^2 + 4)^2} \, dx = \, ?$

   A) 2 B) $\dfrac{5}{2}$ C) $4\ln 2$ D) $\ln 2$ E) $\ln \sqrt{2}$

3.

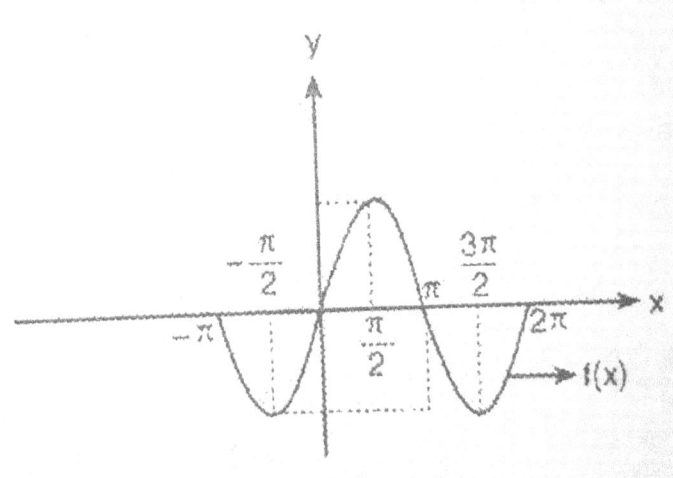

$f(x) = \sin x \Rightarrow \int_{-\pi}^{2\pi} \sin x \, dx = ?$

A) 6   B) 4   C) 3   D) 2   E) 1

4. $\int_{1}^{2} (2x + 5) \, dx = ?$

A) 6   B) 8   C) 9   D) 10   E) 12

5. $\int_{0}^{1} (x^2 - 2x + 2) \, dx = ?$

A) $\frac{7}{3}$ B) $\frac{5}{2}$ C) 3   D) $\frac{9}{2}$ E) 5

6. $\int_{-1}^{1} (x + 1)^2 \, dx = ?$

A) 3   B) $\frac{7}{2}$ C) 4   D) $\frac{17}{4}$ E) $\frac{13}{3}$

7. $\int_{0}^{2} \sqrt{4x + 1} \, dx = ?$

A) 3   B) $\frac{7}{2}$ C) 4   D) $\frac{17}{4}$ E) $\frac{13}{2}$

8. $\int_{0}^{1} \frac{dx}{(2x+1)^3} = ?$

A) $\frac{1}{3}$ B) $\frac{1}{6}$ C) $\frac{4}{9}$ D) $\frac{1}{12}$ E) $\frac{1}{15}$

9. $\int_{a}^{b} (4x+1)\, dx = 30$

$b - a = 6 \Rightarrow a + b = ?$

A) 12   B) 8   C) 5   D) 4   E) 2

10. $\int_{0}^{\pi/6} \frac{\sin 2x}{\cos^2 2x}\, dx = ?$

A) 3   B) $\frac{3}{2}$ C) 1   D) $\frac{1}{2}$ E) $\frac{1}{4}$

11. $\int_{0}^{\pi} \sin^2 x\, dx = ?$

A) $\dfrac{\pi}{2}$ B) $\dfrac{\pi}{3}$ C) $\dfrac{\pi}{4}$ D) $\dfrac{1}{4}$ E) $\dfrac{1}{2}$

12. $\displaystyle\int_0^{\pi/4} \cos^2 x \, dx = \, ?$

A) $\dfrac{\pi}{8}$ B) $\dfrac{\pi+2}{8}$ C) $\dfrac{\pi-2}{8}$ D) $\dfrac{\pi+4}{16}$ E) $\dfrac{\pi-4}{16}$

13. $\displaystyle\int_{\pi/4}^{\pi/2} \dfrac{\cos x}{\sin^2 x} \, dx = \, ?$

A) $\sqrt{2}$ B) $1-\sqrt{2}$ C) $\sqrt{2}-1$ D) $\sqrt{2}+1$ E) $2\sqrt{2}-$

14. $\displaystyle\int_0^1 \arcsin x \, dx = \, ?$

A) $\dfrac{\pi+1}{2}$ B) $\dfrac{\pi-2}{2}$ C) $\dfrac{\pi-2}{2}$ D) $\dfrac{\pi-1}{3}$ E) $\dfrac{\pi-4}{4}$

15. $\displaystyle\int_0^1 (x^2+3)x \, dx = \, ?$

A) $\dfrac{7}{4}$ B) $\dfrac{11}{2}$ C) $\dfrac{13}{2}$ D) $\dfrac{17}{4}$ E) 6

16. $\int_0^{\pi/2} \sqrt{1 + \cos x}\ dx = ?$

A) 1   B) $\sqrt{2} + 1$ C) $\sqrt{3} - 1$ D) 2   E) $2\sqrt{2}$

17. $\int_0^{\pi/3} \dfrac{dx}{\cos^4 x} = ?$

A) $\sqrt{3} + 1$ B) $2\sqrt{3}$ C) $\sqrt{3} - 1$ D) $2\sqrt{3} + 1$ E) $2 + \sqrt{3}$

18. $\int_0^{1/\sqrt{8}} x \cdot \cos(\pi x^2)\ dx = ?$

A) $\dfrac{1}{2\pi}$ B) $\dfrac{1}{4}$ C) $\dfrac{1}{4\pi}$ D) $\dfrac{1}{6}$ E) $\dfrac{1}{8}$

19. $\int_0^1 \dfrac{3x + 1}{\sqrt[3]{3x^2 + 2x + 3}}\ dx = ?$

A) $3 - \dfrac{3\sqrt[3]{9}}{4}$ B) $\dfrac{11}{2}$ C) 5   D) $\dfrac{7}{4}$ E) 1

Answers					
1. C	2. D	3. E	4. B	5. A	6. B
7. E	8. C	9. E	10. C	11. A	12. B

13. C	14. B	15. A	16. D	17. B	18. C
19. A					

Integral

Test 10

1. $\int x f(x)\, dx = x^3 + 3x^2 + 4x + 6 \Rightarrow f(x) = ?$

A) $3x + \dfrac{4}{x} + 6$ B) $3x^2 + 6x + 4$ C) $3x^2 + \dfrac{4}{x} + 2$

D) $x^2 + 3x + \dfrac{6}{x} + 4$ E) $6x + \dfrac{2}{x} + 3$

2. $f'(x) = 4x^3 + 6x^2 + 2x + 3$ ve $f(2) = 56 \Rightarrow f(x) = ?$

A) $x^4 + 3x^3 + x^2 + 3x - 8$ B) $x^4 + 2x^3 + x^2 + 3x + 14$

C) $x^4 + x^3 + 2x^2 - 17$ D) $x^4 + x^3 + x^2 + 3x + 16$

E) $x^4 + x^3 + 3x^2 + x - 16$

3. $f: R - \{3\} \to R - \{1\}$

$f(x) = \dfrac{x-3}{x-4}$

$\displaystyle\int d(f^{-1}(x)) = ?$

A) $4 + \ln|x-1| + C$ B) $4x - \ln|x-1| + C$

C) $4x + \ln|x-1| + C$ D) $\dfrac{4x-3}{x-1} + C$

E) $\dfrac{-4x+3}{x+1} + C$

4. $\displaystyle\int [f(x)]^2 \cdot f'(x)\, dx = ?$

A) $\dfrac{1}{3}[f(x)]^3 + C$ B) $2f(x) + C$ C) $2\ln[f(x)]^2 + C$

D) $\dfrac{f(x)}{1+f(x)} + C$ E) $\arctan[f(x)]^3 + C$

5. $F(x) = \displaystyle\int_0^{2x} \arctan\left(\dfrac{t}{3}\right) dt$

$F'\left(\dfrac{3\sqrt{3}}{2}\right) = ?$

A) $\dfrac{\pi}{3}$ B) $\dfrac{\pi}{2}$ C) $\dfrac{2\pi}{3}$ D) $\dfrac{\pi}{6}$ E) $\dfrac{3\pi}{4}$

6. $\int \dfrac{(x+1)}{x^2+2x+2}\,dx = \ ?$

A) $\ln(x^2+2x+2) + C$
B) $\dfrac{1}{2}(x^3+x^2+2x) + C$

C) $x^4+x^3+2x^2+x+C$
D) $\dfrac{1}{2}\ln(x^2+2x+2) + C$

E) $\arctan(x^2+2x+2) + C$

7. $\int \dfrac{x}{2x-1}\,dx = \ ?$

A) $\dfrac{1}{2}x^2 + \dfrac{1}{2}\ln|2x-1| + C$
B) $\dfrac{1}{2}x + \dfrac{1}{2}\ln|2x-1| + C$

C) $\dfrac{1}{2}x^3 + \dfrac{1}{4}\ln|2x-1| + C$
D) $\dfrac{1}{2}x - \dfrac{1}{4}\ln|2x-1| + C$

E) $\dfrac{1}{2}x + \dfrac{1}{4}\ln|2x-1| + C$

8. $\int \dfrac{x^2+2x+1}{x^2+1}\,dx = \ ?$

A) $2x + \arctan x + C$
B) $x + \ln(x^2+1) + C$

C) $x - \ln(x^2+1) + C$
D) $\dfrac{1}{2}x^2 + \ln(x^2+1) + C$

E) $\frac{1}{2}x + \ln(x^2+1)^2 + C$

9. $\int \frac{x\,dx}{(x^2+1)^2} = ?$

A) $\frac{x^2+1}{2} + C$ B) $\frac{-1}{2(x^2+1)} + C$ C) $\frac{1}{x^2+1} + C$

D) $\frac{1}{2(x^2+1)} + C$ E) $\frac{-1}{(x^2+1)^3} + C$

10. $\int \frac{2x^2+6x-2}{x^2+2x-2}\,dx = ?$

A) $2x - \ln|x^2+2x-2| + C$ B) $x^2+4x-8+C$

C) $2x + \ln|x^2+2x-2| + C$ D) $x - \ln|x^2-2x-2| + C$

E) $2x + \frac{1}{2}\ln|x^2+2x-2| + C$

11. $\int \frac{x^2+2x-1}{3-x}\,dx = ?$

A) $-\frac{1}{2}x^2 - 5x - 14\ln|3-x| + C$ B) $\frac{1}{2}x^2 - 5x + 14\ln|x-3| + C$

C) $-x^2 + 5x - 12\ln|x-3| + C$ D) $\frac{1}{2}x^2 - 5x - 14\ln|3-x| + C$

E) $2x - 3x + 8\ln|3 - x| + C$

12. $\int x \cdot e^{-x^2} dx = ?$

A) $-e^{-x^2} + C$ B) $-\frac{1}{2}e^{-x^2} + C$ C) $\frac{1}{3}e^{-x^2} + C$

D) $e^{-x^2} + C$ E) $\frac{1}{2}e^{-x^2} + C$

13. $\int \frac{e^x dx}{1 + e^{2x}} = ?$

A) $e^x + C$ B) $\ln(1 + e^{2x}) + C$ C) $\arctan(e^x) + C$

D) $\arctan(e^{2x}) + C$ E) $e^{2x} + x + C$

14. $\int \frac{1 + e^{\arctan x}}{1 + x^2} dx = ?$

A) $\arctan x + e^{\arctan x} + C$ B) $x + e^{\arctan x} + C$

C) $x + \arctan x + C$ D) $2e^{\arctan x} + C$

E) $x - e^{\arctan x} + C$

15. $\int \frac{\sec^2 x}{1 + \tan x} dx = ?$

A) $\ln(\tan x) + C$
B) $\ln(1 + \tan x) + C$
C) $e^{1 + \tan x} + C$
D) $\arctan(1 + \tan x) + C$
E) $\frac{1}{2}\ln(1 - \tan x) + C$

16. $\int e^{\tan 2x} \cdot \sec^2 2x \, dx = ?$

A) $\frac{1}{2} e^{\tan 2x} + C$
B) $e^{\tan 2x} + C$
C) $\ln(e^{\tan 2x}) + C$
D) $e^{\tan x} + C$
E) $\frac{1}{2} e^{\tan 2x} + x + C$

17. $\int \frac{\sin 3x}{4 + \cos^2 3x} \, dx = ?$

A) $\frac{1}{12} \arctan(\cos^2 3x) + C$
B) $\frac{1}{6} \ln(\cos 3x) + C$
C) $\frac{1}{6} \text{arccot}\left(\frac{1}{2}\cos 3x\right) + C$
D) $-\frac{1}{2} \arctan(\cos 3x) + C$
E) $-\frac{1}{6} \arctan\left(\frac{1}{2}\cos 2x\right) + C$

Answers					
1. A	2. B	3. D	4. A	5. C	6. D
7. E	8. B	9. B	10. C	11. A	12. B
13. C	14. A	15. B	16. A	17. E	

www.ingramcontent.com/pod-product-compliance
Lightning Source LLC
Chambersburg PA
CBHW070236220526
45465CB00004B/1443